高等职业教育
智能制造专业群
“德技并修 工学结合”
系列教材

现代钳工实用实训

主编 李志军 莫守彤 高仲康

INTELLIGENT MANUFACTURING

中国教育出版传媒集团
高等教育出版社·北京

内容简介

本书是高等职业教育智能制造专业群“德技并修　工学结合”系列教材之一。

本书是为高等职业院校工科类学生学习“钳工基本技能训练”“金工基本技能训练”等课程编写的实训教材。本书集多位有着丰富实践经验和教学经验教师的多年智慧结晶，内容深入浅出，对钳工操作的理论和技能做了较详细的介绍，并重点突出实践运用，部分知识点配有微课和操作视频供学生随扫随学。

全书共分七部分，以训练任务为载体，介绍钳工的基本操作、常用量具的使用、金属材料基本常识及热处理、公差与配合等相关知识。

图书在版编目（CIP）数据

现代钳工实用实训 / 李志军，莫守形，高仲康主编. -- 北京：高等教育出版社，2023.1（2024.12重印）
ISBN 978-7-04-059536-9

Ⅰ.①现… Ⅱ.①李… ②莫… ③高… Ⅲ.①钳工-高等职业教育-教材 Ⅳ.①TG9

中国版本图书馆 CIP 数据核字（2022）第 211142 号

现代钳工实用实训
XIANDAI QIANGONG SHIYONG SHIXUN

策划编辑　张　璋　　责任编辑　张　璋　　封面设计　姜　磊　　版式设计　徐艳妮
责任绘图　邓　超　　责任校对　陈　杨　　责任印制　刘弘远

出版发行	高等教育出版社	网　　址	http://www.hep.edu.cn
社　　址	北京市西城区德外大街 4 号		http://www.hep.com.cn
邮政编码	100120	网上订购	http://www.hepmall.com.cn
印　　刷	天津鑫丰华印务有限公司		http://www.hepmall.com
开　　本	787 mm×1092 mm　1/16		http://www.hepmall.cn
印　　张	5.25		
字　　数	100 千字	版　　次	2023 年 1 月第 1 版
购书热线	010-58581118	印　　次	2024 年 12 月第 2 次印刷
咨询电话	400-810-0598	定　　价	15.80 元

物 料 号　59536-00

前　言

钳工已成为现代工业中一个专门的工种，尤其在模具制造、机械装配与维修中更需要技术高超的钳工技术人员。

本书体现“工学结合”的教学理念，以任务驱动教学为手段，以制作趣味性和实用性的工件为载体，循序渐进地训练钳工的基本技能。

本书图文并茂，通俗易懂，言简意赅，是掌握钳工技术的入门教材。本书主要为高等职业院校在校学生编写，力求实用，部分知识点配有微课和操作视频，便于自学。

由于编者水平有限，编写时间仓促，疏漏或不当之处敬请专家和读者朋友批评指正。

编著者

2022年9月

目　录

绪论 …… 1

0.1　钳工概述 …… 1
0.2　钳工安全文明生产 …… 2
0.3　思考与练习 …… 3

任务一　锯、锉、錾削加工 …… 7

1.1　锯削 …… 7
1.2　锉削 …… 10
1.3　錾削 …… 13
1.4　思考与练习 …… 15

任务二　常用量具的使用 …… 17

2.1　量具的简单介绍 …… 17
2.2　游标卡尺的使用 …… 19
2.3　千分尺的使用 …… 21
2.4　思考与练习 …… 24

任务三　划线 …… 25

3.1　划线的作用 …… 25
3.2　划线的种类 …… 25
3.3　划线工具及其用途 …… 26
3.4　划线基准的选择 …… 28
3.5　划线步骤 …… 28

3.6 思考与练习 …… 29

任务四 孔加工和螺纹加工 …… 31

4.1 钻床的简单介绍 …… 31
4.2 钻孔 …… 32
4.3 扩孔 …… 37
4.4 锪孔 …… 37
4.5 铰孔 …… 38
4.6 攻螺纹 …… 40
4.7 套螺纹 …… 42
4.8 思考与练习 …… 43

任务五 金属材料基本常识及热处理 …… 45

5.1 金属材料的性能 …… 45
5.2 金属材料的选择 …… 46
5.3 钢材的热处理 …… 47
5.4 思考与练习 …… 48

任务六 公差与配合 …… 49

6.1 基本概念 …… 49
6.2 几何公差 …… 54
6.3 思考与练习 …… 65

任务七 项目训练 …… 67

7.1 高跟鞋的制作 …… 67
7.2 开瓶器的制作 …… 68
7.3 鸭嘴锤的制作 …… 69
7.4 钥匙扣的制作 …… 71

参考文献 …… 75

绪论

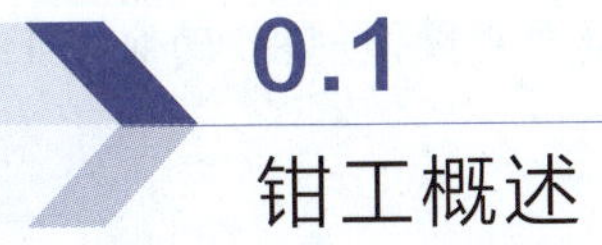

0.1 钳工概述

1. 钳工的工作范围及特点

什么是钳工

钳工一般是指工人手持工具对材料进行切削(除层)的加工方法。主要工作包括划线、锯削、锉削、錾削、钻孔、扩孔、铰孔、攻丝、套丝、刮削、研磨、抛光、装配和修理等。

钳工工具简单,操作灵活,对工人技术水平要求较高,易学难精,在某些情况下可以完成用机械加工不方便或难以完成的工作。因钳工劳动强度大、生产效率低,所以常在零件的单件或小批量生产中采用。在机械制造和修配工作中,钳工仍占有十分重要的地位。

2. 钳工工作台和台虎钳

钳工常用工具及设备

钳工大多数操作是在钳工工作台和台虎钳上进行的。钳工工作台如图 0-1 所示,一般用坚固的木材和钢铁制成,要求牢固平稳,台面高度以 800 ~ 900 mm 为宜。为了安全生产,台面正前方常装有防护网。

台虎钳是钳工夹持工件的主要工具,它有固定式和回转式两种。图 0-1 中所示的台虎钳是固定式的,图 0-2 所示的台虎钳是回转式的。台虎钳规格用钳口宽度表示,常用的规格为 100 ~ 150 mm。用台虎钳夹持工件时,尽可能将工件夹在钳口中部,使钳口受力均匀;夹持完工后的工件时,应采用软钳口(软钳口常用铜皮或铝皮制成),以保护工件表面。

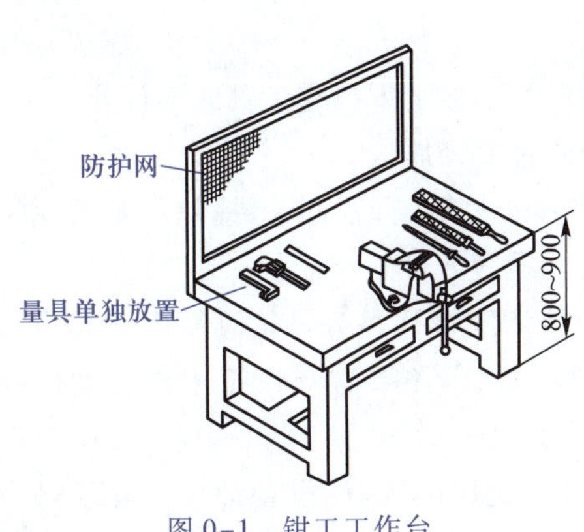

图 0-1 钳工工作台

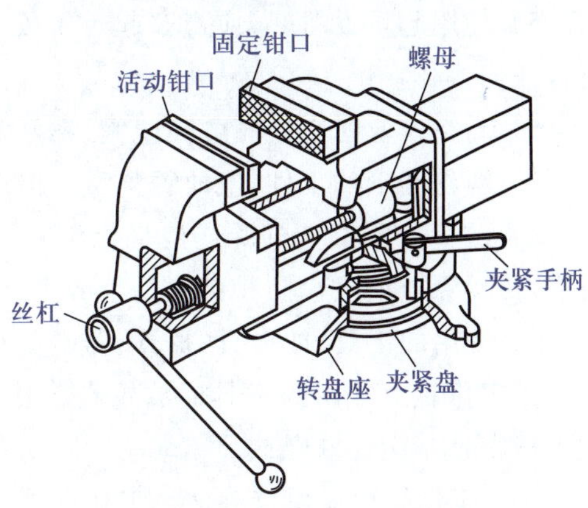

图 0-2 回转式台虎钳

0.2 钳工安全文明生产

在钳工生产过程中,必须坚持“安全第一,预防为主”的方针,了解钳工安全文明生产基本要求,增强安全文明防护技术措施,遵守钳工安全文明操作规程,确保钳工安全作业。

1. 钳工安全文明生产基本要求

1）钳工工作台要放在便于工作和光线适宜的地方,面对面使用钳工工作台时中间要安装防护网。钻床与砂轮机一般应放置在场地的边缘,以保证安全。

2）钻床、砂轮机和手电钻等设备和工具要经常检查,发现损坏或故障要及时报修,修复之前不得使用。

3）使用电动工具时,要有绝缘防护用具和安全接地措施。

4）使用手持式砂轮机(简称手砂轮)时,要戴好防护眼镜。

5）在钳台上进行錾削加工时要有防护网,清除切屑时要用刷子,不得直接用手或棉纱清除,更不能用嘴吹。

6）毛坯和已加工工件应放置在规定的位置,排列整齐,放置平稳,要保证安全,便于取放,且避免碰伤工件已加工表面。

2. 钳工安全文明操作规程

1）工作时必须穿戴防护用具,否则不准上岗。

2）不得擅自使用不熟悉的设备和工具。

3）使用电动工具时,插头必须完好,外壳接地,并应佩戴绝缘手套、穿好胶鞋,防止触电。如发现防护用具失效,应立即修补或更换。

4）多人作业时,必须有专人指挥调度,保证配合密切。

5）使用起重设备时,应遵守起重工安全文明操作规程。在吊起的工件下方禁止进行任何操作。

6）高空作业时必须佩戴安全帽,系好安全带。不准上下投递工具或零件。

7）容易翻滚的工件,应放置牢靠。搬动工件时要轻放。

8）试车前要检查电源连接是否正确,各部分的手柄、行程开关、撞块等是否灵敏可靠,传动系统的安全防护装置是否齐全,确认无误后方可开车运行。

9）使用的工具,如夹具、量具、器具等应分类依次排列整齐。工具箱内工具应放置在固定位置。常用的工具应放置在工作位置附近,但不要置于钳工工作台的边缘处。精密量具应轻取轻放。

10）工作场地应保持整洁。工作完毕后,对所使用的工具、设备都应按要求进行清理、润滑。

3. “7S”管理规定

(1) “7S”管理的含义

“7S”管理是优化生产现场管理的主要方法之一。“7S”管理是生产现场整理(Seiri)、整顿(Seiton)、清扫(Seiso),清洁(Seiketsu)、素养(Shitsuke)、安全(Security)、节约(Save)七项活动的统称,由于这七项活动的首字母都是“S”,所以简称“7S”。

“7S”管理相当于我国工厂里开展的文明生产活动。“7S”管理的含义之一是生产文明化和科学化;其对立面是手工式生产,不讲科学,单凭经验组织生产。“7S”管理的含义之二是在生产现场的管理中,要使生产现场保持良好的生产环境和生产秩序;其对立面是不文明生产,如出现生产现场“脏、乱、差”,管道“跑、冒、滴、漏”等现象。

(2) “7S”管理的内容

1) 整理　将工作场所的任意物品分为有必要的和没有必要的两类,留下来有必要的,清理没有必要的。其目的是腾出有效空间,使活用空间充足,且可防止误用物品,塑造清爽的工作场所。

2) 整顿　把留下来的必需品依规定位置摆放,并放置整齐,加以标识。其目的是使工作场所的物品一目了然,减少寻找物品的时间,清除过多的积压物品。

3) 清扫　将工作场所内看得见与看不见的地方清扫干净,保持干净的工作环境。其目的是稳定产品品质,减少工业伤害。

4) 清洁　将整理、整顿、清扫进行到底,并且将其制度化,保持工作环境处在美观的状态下。其目的是创造明朗工作场所,维持“3S”成果。

5) 素养　每位员工应养成良好的工作习惯,并需遵守规定积极主动地做事。其目的是培养拥有良好工作习惯、遵守规定的员工,并营造良好的团队精神。

6) 安全　重视员工安全文明教育,每时每刻都应有“安全第一”的意识,防患于未然。其目的是建立安全文明生产环境,所有的工作都应建立在安全的前提下。

7) 节约　对时间、空间、能源等方面合理利用,以发挥它们的最大效能,从而创造一个高效率的、物尽其用的工作场所。

0.3 思考与练习

一、判断题

(　　)1. 实习时,可以擅自开动任何机床设备。

(　　)2. 工作时应爱护设备及工(量、刀)具,保持工作场地清洁整齐。每天下班前应清理好个人用的工具,并把工作场地打扫干净。

(　　)3. 量具和其他工具可以混放在一起。

(　　)4. 离开砂轮机、台式钻床等设备时应关车、关灯、切断电源。

(　　)5. 装夹钻头时,若没有钥匙扳手,可以用手锤和铁块代替。

(　　)6. 钻床装拆工件及调整转速时必须在停止状态下进行。

(　　)7. 砂轮机可以磨削有色金属材料，如铜、铝、锡等。

(　　)8. 使用 36 V 以上的手电钻、手持式砂轮机时，可以不戴绝缘手套。

(　　)9. 严禁在起重设备上吊人玩耍，但起吊工件下方可以站人。

二、简答题

1. 通过学习，请谈谈对钳工工作的认识。

2. 钳工安全文明生产包括哪些内容？

3. 通过对“钳工安全文明生产”的学习，谈谈感想。

拓展阅读

大国工匠先进事迹

胡双钱，中国商飞上海飞机制造有限公司数控机加车间钳工组组长，人称“航空”手艺人。他说：“飞机的每个部件都关系到乘客的生命安全，确保质量是我最大的责任。”划线、锯掉多余部分、握着锉刀将零件的尖锐边锉成圆形、去毛刺、抛光，这样的动作他整整重复了 30 年。

胡双钱出生于上海工人家庭，从小就喜欢飞机，制造飞机是他心中神圣的事情，也是他从小就隐藏在心底的梦想。小时候为了看飞机，他从家里走了两个多小时躲在路边的田里看飞机的起落，炎热的夏天他经常被沟边的蚊子叮。胡双钱读书时，技校老师是修军机的老师傅，经验丰富，带徒严格。“学飞机制造技术是次要的，学做人是第一位的，工作要有良心。”这句话对他有很深的影响。

他从技校毕业后进入公司工作。一进门，学习钣金铆接工的他就被分配到与专业不相符的机械加工厂钳工工段。同期有些人辞职走了，但沉稳的胡双钱选择留了下来。只要能做飞机，自己就坚决服从组织的分配，从此他开始了自己的钳工生涯。从那以后，随着中国飞机制造业的艰辛发展，他一直坚持在这个岗位上。

2002 年与 2008 年中国 ARJ21 新支线飞机项目和大型客机项目相继开发，中国人的大飞机梦想再次点燃。经过数十年的积累和沉淀，胡双钱觉得实现心中梦想的机会来了，大飞机的制造让胡双钱又忙了起来，他加工的零件中最大的近 5 m，最小的比曲别针还小。胡双钱不仅要加工各种形状不同的零件，还要临时救急。一次，需要生产一个特殊零件，从工厂调配专业技工需要几天时间，为了不耽误工期，这个任务给了胡双钱，这个原本需要细致编程用数控车床完成的零件，最终只靠胡双钱的双手和传统的铣床加工完成。该“金属雕刻作品”完成后，一次性通过检验，送去安装。

为了让中国人自己的新支线飞机早日安全地在蓝天上飞行，胡双钱在参加 ARJ21 新支线飞机项目后对质量有了更高的要求。他知道 ARJ21 是民用飞机，承载着全国人民的期待和梦想，风险和要求都很高，需更加绷紧“质量弦”。无论多么简单的加工任务，他在工作前都要认真审查图纸，操作时小心谨慎，做到"慢一点、稳一点、精一点、准一点"。凭借多年积累的丰富经验和对质量的执着追求,胡双钱在ARJ21新支线飞机部件制造中大胆进行技术创新。

胡双钱说:"参与开发中国的大飞机是我最大的荣耀。"能够开发大型客机是国家综合实力的体现,在这个处于现代工业体系顶端的产业中,手动操作工人越来越少,但有些工序中他们又无法被替代。即使是生产高度自动化的波音和空客,也保留着独特的手工工匠。胡双钱就是这样的技术人员,30年加工了数十万件零件安装在飞机上,从未出现过安全事故。近年来,默默无闻的胡双钱获得了很多荣誉。2009年,他获得了全国五一劳动奖章,2015年被评为全国劳动模范,人生中第一次进入庄严的人民大会堂接受表扬。胡双钱说:"我们赶上了好时代,我们的民机事业经历过坎坷和挫折,终于熬过去迎来了春天。我们应该更加珍惜今天的事业,更好地依靠自己。"胡双钱目前最大的愿望是再工作10年、20年,为中国的大飞机贡献更多的力量。

任务一

锯、锉、錾削加工

1.1 锯削

锯削是指人工操作手锯对原材料进行直线切削的加工方法。

1. 手锯

手锯是钳工锯削所使用的工具。手锯由锯弓架和锯条组成，如图 1-1 所示。

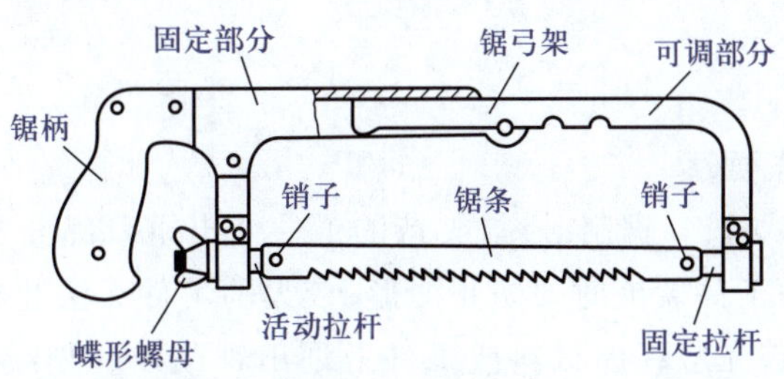

图 1-1　手锯

1）锯弓架　锯弓架的作用是安装和张紧锯条。

2）锯条　锯条用碳素工具钢（T10 或 T10A）制成，并经淬火处理。常用的锯条约长 300 mm，宽 12 mm，厚 0.8 mm。锯齿的形状如图 1-2 所示。

为了适应材料性质和锯割面的宽窄，锯齿分为粗、中、细三种。锯齿的粗细，通常是以每 25 mm 长度内有多少齿来表示的。选择锯条时需根据锯割部位材料的厚薄和软硬程度综合考虑，见表 1-1。粗齿锯条齿距大，容屑空隙大，适用于锯软材料或锯割部位较厚的工件。锯硬材料时，则选用细齿锯条。

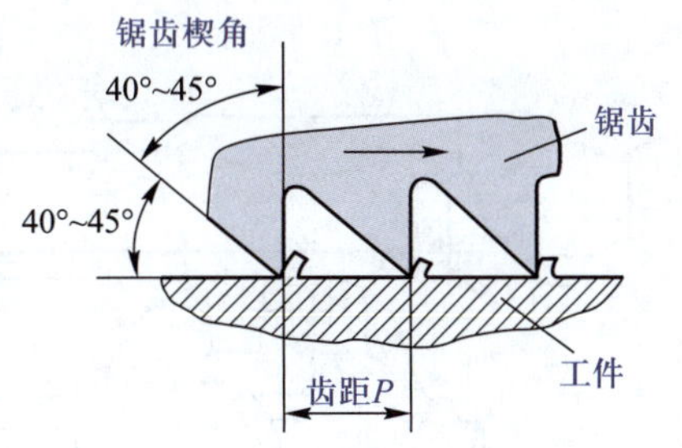

图 1-2　锯齿的形状

表 1-1　锯条的类型及应用

类型	齿距/mm	25 mm 长度内齿数	应用
粗齿	>1.8	<14	锯割部位较厚、材料较软
中齿	1.1 ~ 1.8	14 ~ 22	—
细齿	<1.1	>22	锯割部位较薄、材料较硬

2. 锯削的基本操作

（1）锯条的安装

锯削前需选用合适的锯条，使锯条齿尖朝前，装入拉杆的销子上，如图 1-3(a)所示。锯条的松紧程度可用蝶形螺母调整。调整时，不可过紧或过松，太紧会使锯条失去应有的弹性，锯条容易崩断；太松会使锯条扭曲、锯锋歪斜，这样锯条也容易折断。

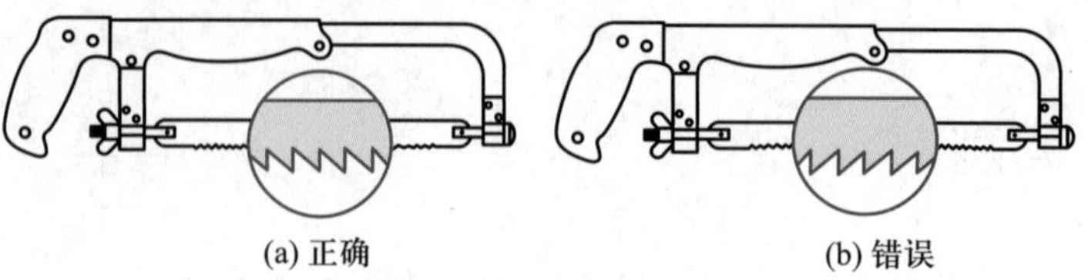

图 1-3　锯条的安装

锯条的安装应注意以下三点：

1）齿尖朝前；

2）松紧适中；

3）锯条无扭曲。

（2）锯削的操作要领

1）装夹工件及划线　锯削时，被夹持的工件伸出钳口部分要短，锯锋尽量放在钳口的左侧，较小的工件装夹时要防止变形；较大的工件无法装夹时，必须放置稳妥再锯削。在锯削前首先应在原材料或工件上划出锯削线。划线时应考虑锯削加工余量。

2）锯削的握姿　右手握住锯柄，左手握住锯弓架的前端，如图 1-4 所示。

3）锯削的站姿　锯削的站姿与锉削相同，左脚前右脚后，如图 1-5 所示；前腿弓后腿蹬，如图 1-6 所示。

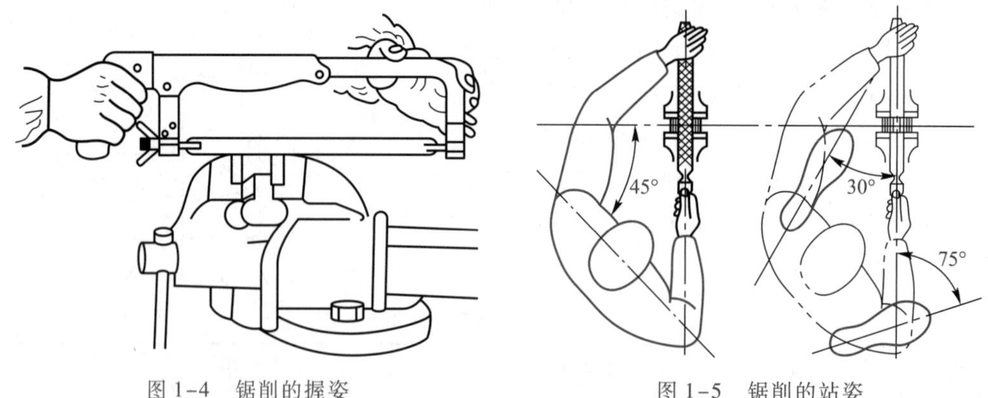

图 1-4　锯削的握姿

图 1-5　锯削的站姿

4）起锯　起锯时，锯条垂直于工件加工表面，并以左手拇指靠稳锯条，使锯条落在划线位置上，右手稳推锯柄，锯条与工件表面的倾斜角约为 15°，使锯条最少要有三个齿同时接触工件。起锯时，利用锯条的前端(远起锯)或后端(近起锯)靠在一个面的棱边上起锯,如图 1-7 所示。其中,近起锯主要用于薄板锯削。起锯时推拉距离要短,压力要轻,这样锯齿容易吃进,才能保证尺寸准确。另外,锯削时应注意推拉频率:对软材料和有色金属材料,频率为往复 50~60 次/min;对普通钢材,频率为往复 30~40 次/min。

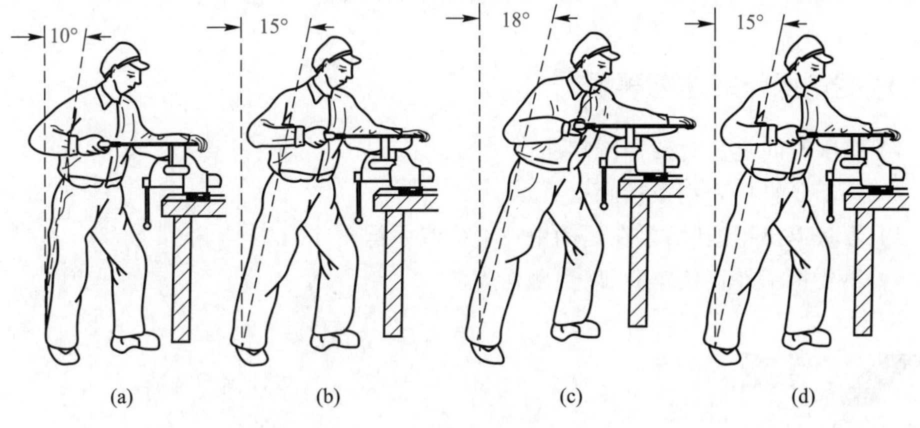

图 1-6 锯削的站姿与操作

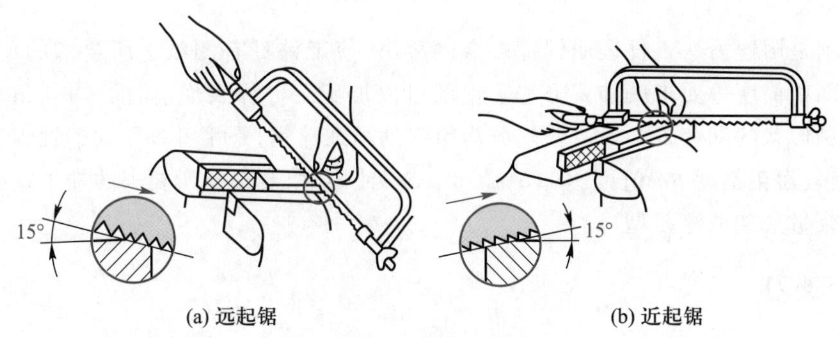

图 1-7 起锯的方法

5) 锯削的操作　锯削时,身体稍向前倾斜,利用身体的前后摆动带动手锯前后运动,如图 1-6 所示。推锯时,锯齿起切削作用,应给以适当压力;向回拉时,锯齿不切削,应将手锯稍微提起,以减少对锯齿的磨损。

锯削时,应尽量利用锯条的有效长度。如使用行程过短,则局部磨损过快,会降低锯条的使用寿命,甚至会因局部磨损造成锯锋变窄,锯条被卡住或折断等。

锯削时要始终使锯条与所划的线重合,这样才能得到理想的锯缝。如果锯缝有歪斜,应及时纠正,若已歪斜很多,应改从工件锯缝的对面重新起锯,否则很难改直,而且很容易折断锯条。临近锯断时用力要轻,以免碰伤手臂或折断锯条。

(3) 锯削加工

锯削圆钢、扁钢、圆管、薄板的方法如图 1-8 所示。为了得到整齐的锯缝,锯削扁钢时,应在较宽的面下锯;锯削圆管时,不可从上至下一次锯断,应每锯到圆管内壁后,工件向推锯方向转动一定角度后再继续锯削;锯削薄板时,可用木板夹住薄板两侧,或多片重叠锯削。

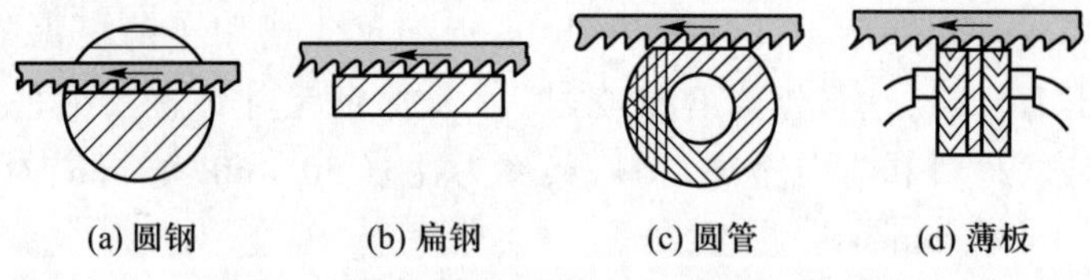

图 1-8　锯削圆钢、扁钢、圆管、薄板的方法

3. 锯削操作的注意事项

1）锯削时间过长时要加冷却液；

2）手不要直接和锯条接触；

3）锯条退出锯削时，要在运动中往上提起手锯；

4）不要将工件直接锯断，以免砸伤脚。

1.2 锉削

锉削是用锉刀从工件表面锉掉多余的金属，使工件具有图纸上所要求的尺寸、形状和表面粗糙度等要求的加工方法。锉削可以加工工件外表面、曲面、内外角、沟槽、孔和各种形状的配合表面等。锉削分为粗锉削和细锉削，是用各种不同的锉刀进行加工的，其表面粗糙度 Ra 值可达 1.6 ~ 0.8 μm。使用时，要根据所要求的加工精度和锉削加工余量来选取锉刀型号。

锉削

1. 锉刀

锉刀是锉削所使用的刀具，它由碳素工具钢（T12 或 T12A）制成，并经过淬火处理。

（1）锉刀的组成

锉刀由锉刀体（锉面、锉边）和锉柄等组成，如图 1-9 所示。锉刀的齿纹多制成网状，这样锉削时比较省力，且碎屑不易堵塞锉面。

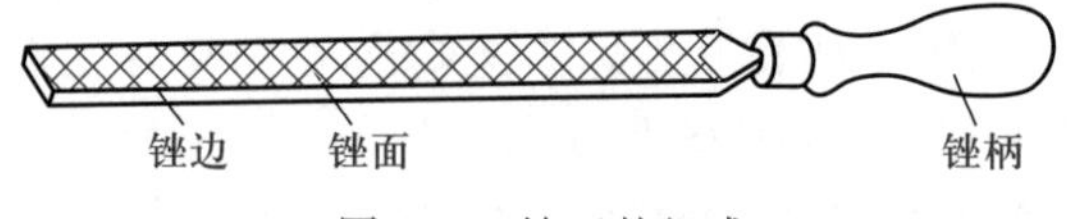

图 1-9　锉刀的组成

（2）锉刀的分类

1）按长度分　锉刀按长度可分为 100 mm（4"）、150 mm（6"）、200 mm（8"）、250 mm（10"）、300 mm（12"）、350 mm（14"）等。

2）按几何形状分　锉刀按其横截面形状可分为扁平形、半圆形、方形、三角形、圆形等，如图 1-10 所示。

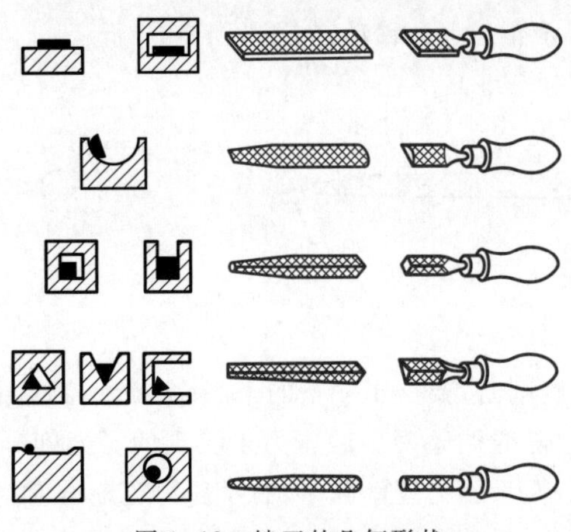

图 1-10 锉刀的几何形状

3）按齿纹的粗细分 锉刀按齿纹的粗细程度可分为粗齿、中齿、细齿和油光四类。

（3）锉刀的选用

锉刀的长度按工件加工表面的大小选用，以操作方便为宜；锉刀的几何形状按工件加工表面的形状选用；锉刀齿纹粗细的选用要根据工件材料、加工余量、加工精度和表面粗糙度等情况综合考虑。粗加工或锉削铜、铝等软金属时多选用粗齿锉刀；半精加工或锉削钢、铸铁等硬金属时多选用中齿锉刀；细齿和油光锉刀只用于表面修光。锉刀的选用见表 1-2。

表 1-2 锉刀的选用

分类	锉削部位的精度要求		加工余量		材料的软硬程度	
	高	低	>0.5 mm	<0.2 mm	硬	软
粗齿		√	√			√
中齿	用于从粗齿到细齿的过渡加工；当加工部位精度要求不高时也可用于最后的加工工序					
细齿	√			√	√	
油光	√（精度要求特别高时）					

2. 锉削的基本操作

（1）锉削的操作要领

1）装夹工件 工件必须牢固地装夹在台虎钳钳口的中部，并略高于钳口。装夹已加工表面时，应在钳口与工件之间垫铜皮或铝皮，以免夹伤已加工表面。

2）锉刀的握姿 锉削时应正确掌握锉刀的握姿及施力的变化。锉刀需装好手柄后才能使用（整形锉刀除外）。使用大锉刀时，右手握住锉柄，左手压在锉刀前端，使其保持水平，如图 1-11（a）所示。使用中锉刀时，用力较小，可用左手的拇指和食指扶住锉刀的前端部，以引导锉刀水平移动，如图 1-11(b)所示。

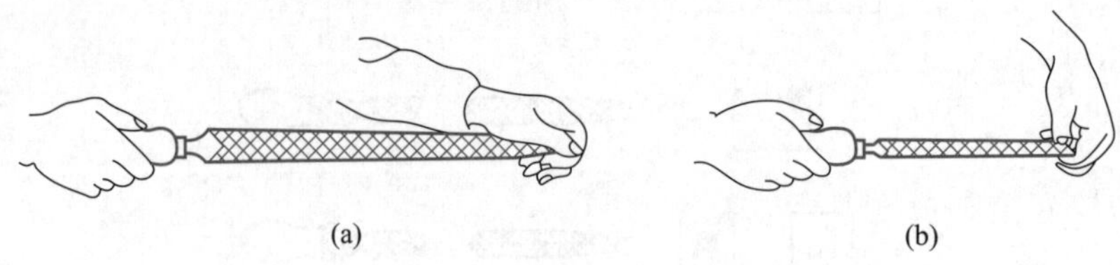

图 1-11　锉刀的握姿

3）锉刀的操作　锉削时，要锉出平整的平面，必须保持锉刀的平直运动。平直运动是在锉削过程中通过随时调整两手的压力来实现的。锉削开始时，左手压力大，右手压力小；随锉刀前推，左手压力逐渐减小，右手压力逐渐增大；推至中间时，两手压力相等；随锉刀继续前推，左手压力继续减小，右手压力继续增大；退回时，不施加压力，如图 1-12 所示。锉削时，压力不能太大，否则小锉刀易折断，但也不能太小，以免打滑。锉削速度不可太快，否则容易疲劳和磨钝锉齿，但也不能速度太慢，以免效率不高，一般 30～60 次/min 为宜。

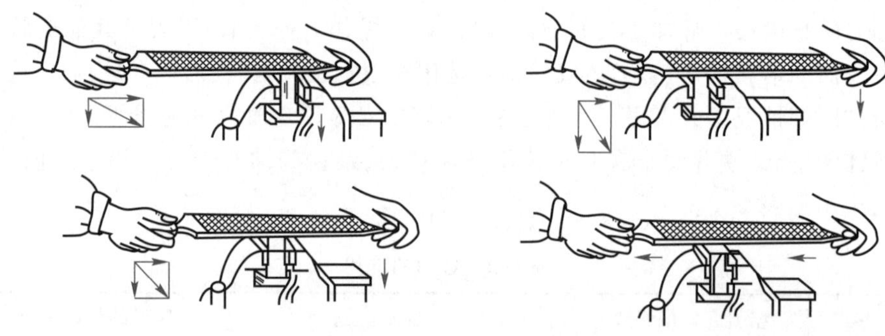

图 1-12　锉削的操作

在锉削时，眼睛要注视锉刀的往复运动，观察手部用力是否适当，锉刀有没有摇摆。锉削几次后，要拿开锉刀，观察是否锉在需要锉的位置，锉出的平面是否平整。如发现问题需及时纠正。

（2）锉削加工

平面加工

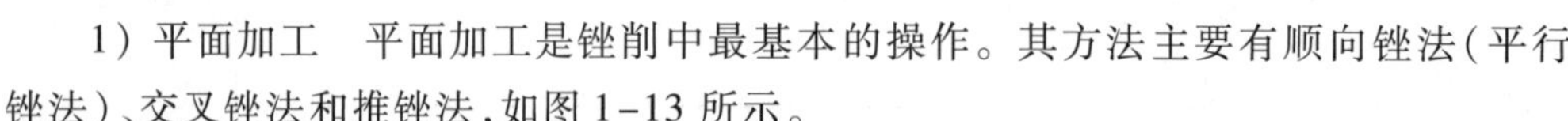

1）平面加工　平面加工是锉削中最基本的操作。其方法主要有顺向锉法（平行锉法）、交叉锉法和推锉法，如图 1-13 所示。

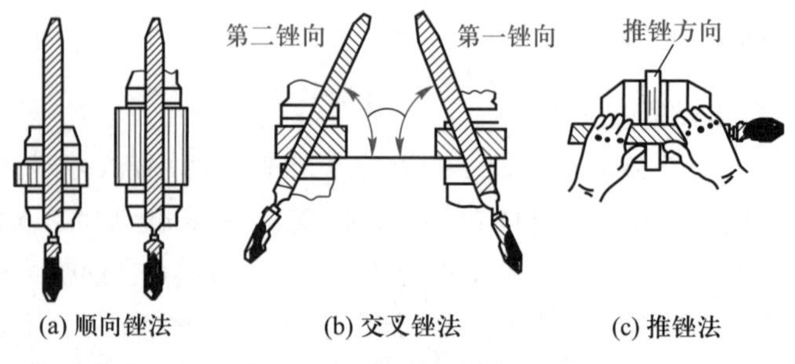

图 1-13　锉削平面的锉法

顺向锉法是最基本的锉法，其可得到正直的锉纹，使锉削的平面整齐美观，适用于较小平面的锉削，如图 1-13(a)所示，左侧锉法多用于粗锉，右侧锉法多用于修光。

交叉锉法适用于粗锉较大的平面，如图 1-13(b)所示。由于锉刀与工件接触面大，锉刀易掌握平衡；由于第一锉向与第二锉向的锉纹易于分辨，因此交叉锉易锉出较平整的平面。交叉锉后要用顺向锉法或推锉法进行修光。

推锉法仅用于修光，尤其适宜窄长平面或用顺向锉法受阻的情况。如图 1-13(c)所示，两手横握锉刀，沿工件表面平稳推拉锉刀，可得到平整光洁的表面。

锉削平面时，工件的尺寸用游标卡尺测量；工件平面的平直程度及两平面之间的垂直情况，可用刀口形直尺贴靠观察是否透光来检验。

2）曲面加工　曲面加工分为外曲面和内曲面的锉削两种。

锉削外曲面的方法有横锉法和顺锉(滚锉)法。锉削时，先用横锉法，如图 1-14(a)所示，锉削掉多余的材料，使其接近所需要的曲线；然后用顺锉(滚锉)法，如图 1-14(b)所示，锉到所需要的尺寸。其中，顺锉(滚锉)法的加工方法为锉刀除向前运动外，还要沿工件被加工曲面摆动。

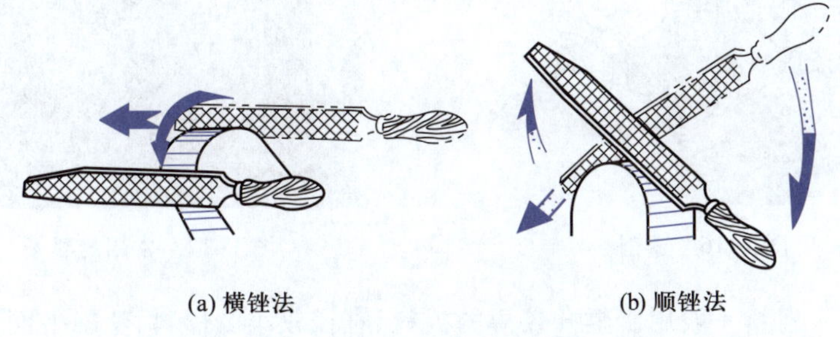

(a) 横锉法　　(b) 顺锉法

图 1-14　外曲面的锉削

锉削内曲面的方法有横锉法和推锉法。锉削时，先用横锉法锉削，方法与锉削外曲面的横锉法相同，只是把扁平形锉刀换成圆形或半圆形锉刀即可；横锉完毕后，用圆形或半圆形锉刀推锉，如图 1-15 所示。

图 1-15　内曲面的锉削

3. 锉削操作的注意事项

1）锉刀手柄和锉刀体要连接紧凑；

2）锉刀上不能沾油和水；

3）不能用锉刀敲击其他任何物品；

4）加工前，需根据加工余量和尺寸精度选择合适的锉齿。

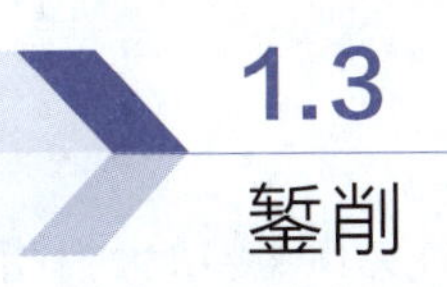

1.3 錾削

錾削是指人工操作手锤敲击錾子对金属进行切削的加工方法，如图 1-16 所示。

錾削一般用于錾掉锻件的飞边，铸件的毛刺和浇冒口，配合件凸出的错位、边缘及多余的一层金属，分割板料和錾切油槽等。錾削工具主要为手锤和錾子。

1. 錾子

(1) 錾子的分类

常用的錾子有扁錾、尖錾、油槽錾等，如图 1-17 所示。

图 1-16　錾削

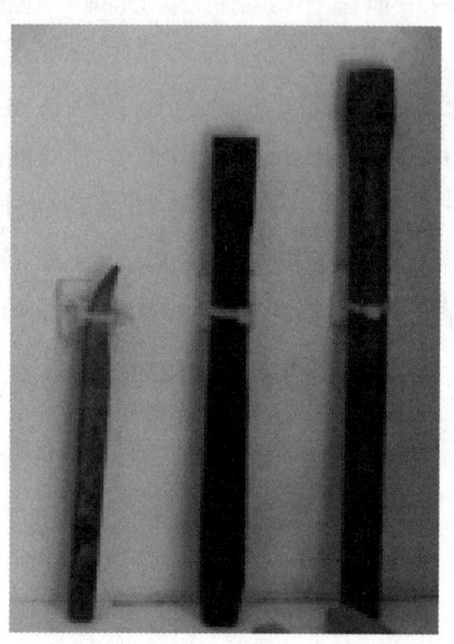

图 1-17　常用的錾子

1）扁錾　扁錾一般用于錾开较薄的板料、直径较小的棒料，錾削平面、焊接边缘，以及錾掉锻件、铸件上的毛刺、飞边等。

2）尖錾　尖錾用于錾槽或配合扁錾錾削较宽的平面。工作时，根据图纸的要求确定尖錾切削刃的宽度。錾槽时，尖錾切削刃的宽度应比图纸要求的尺寸稍窄一些。尖錾因为切削刃窄，加工时容易切入，其切削部分是两个侧面，自切削刃起向柄部逐渐变窄，所以在錾深的沟槽时不会被工件夹住。

3）油槽錾　油槽錾用于錾削滑动轴承和滑动平面上的润滑油槽。

(2) 錾子的选用

1）加工板材用扁錾；

2）加工窄小平面用尖錾；

3）加工油槽用油槽錾。

2. 錾削的基本操作

(1) 正握法

正握法适用于在平面上进行錾削。握錾时手心向下，用虎口夹住錾身，大拇指与食指自然张开，其余三指自然弯曲靠拢握住錾身，如图 1-18(a)所示。虎口上方露出的錾身不宜过长，一般在 10～15 mm，露出越长，錾子抖动越大，锤击准确度也就越差。

(2) 反握法

反握法适用于小量的平面或侧面錾削。握錾时手心向上,手指自然捏住錾身,手心悬空,如图 1-18(b)所示。

(3) 立握法

立握法适用于垂直錾切工件,如在铁砧上斩断材料。握錾时虎口向上,拇指放在錾子一侧,其余四指放在另一侧捏住錾子。

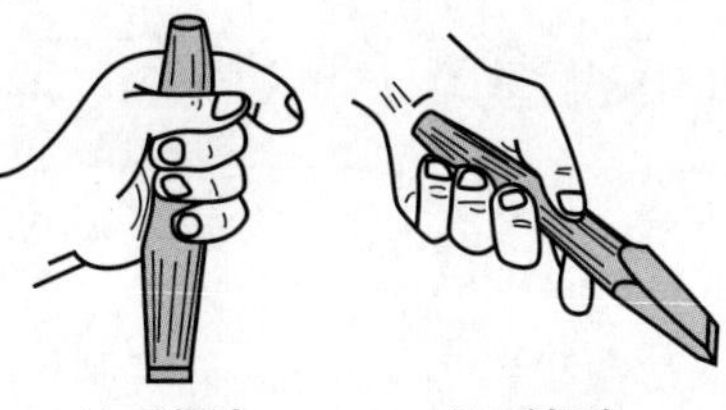

(a) 正握法　　(b) 反握法

图 1-18　錾子的握法

3. 錾削操作的注意事项

1) 使用前应检查錾子切削刃是否有裂纹;

2) 使用前应检查手锤的手柄是否有裂纹,锤头与手柄的连接是否有松动;

3) 錾削时不要正面对人操作;

4) 錾头不能有毛刺;

5) 操作时不能戴手套,以免打滑;

6) 錾削临近结束时需减力锤击,以免用力过猛伤手。

1.4 思考与练习

一、判断题

(　　)使用手锤前,必须检查锤头是否松动或歪斜,以防止脱落造成事故。

二、简答题

1. 起锯的方法有哪几种?注意事项是什么?起锯角度应以多大为宜?
2. 锯削圆管和薄板材料时为什么容易崩齿?
3. 简述锯削安全注意事项。
4. 造成锯条折断的不当操作有哪些?
5. 锉削有几种基本方法?
6. 如何对锉刀进行保养?
7. 简述锉削握姿及动作要领。
8. 简述锉削时两手用力的方法。
9. 简述錾削安全注意事项。
10. 起錾有几种方法?如何起錾?
11. 试述錾子的刃磨及热处理的方法和注意事项。
12. 试述錾削捶击要领。

任务二

常用量具的使用

2.1 量具的简单介绍

在生产过程中,为了保证零件的加工质量,对加工出来的零件要严格按照图样所要求的表面粗糙度、尺寸精度、几何精度进行测量。测量所使用的工具称为量具。

钳工在制作零件,检修、安装和调整设备等各项工作中,都需要用量具来检查尺寸是否符合要求。因此,熟悉量具的结构、性能及其使用方法,是技术工人保证产品质量、提高工作效率必须掌握的一项技能。

钳工常用的量具种类很多,其用途和结构也不相同。由于在实际生产中零件的精度要求各不相同,因此量具也需有不同的精度,一般分为普通量具和精密量具两种。

一般工业上所用的长度计量单位有米制和英制两种。目前,大多数国家采用米制长度计量单位,我国长度计量单位也统一规定采用米制,其他一些国家和地区及我国的某些行业中,也有采用英制长度计量单位的。米制与英制长度计量单位的换算关系为:1 in=25.4 mm。

1. 普通量具

(1) 钢尺

钢尺可度量零件的长、宽、高、深及厚度等尺寸,其测量精度为0.3~0.5 mm。钢尺一般有钢直尺(图2-1)、钢卷尺(图2-2)两种,其刻度一般有英制和米制两种。

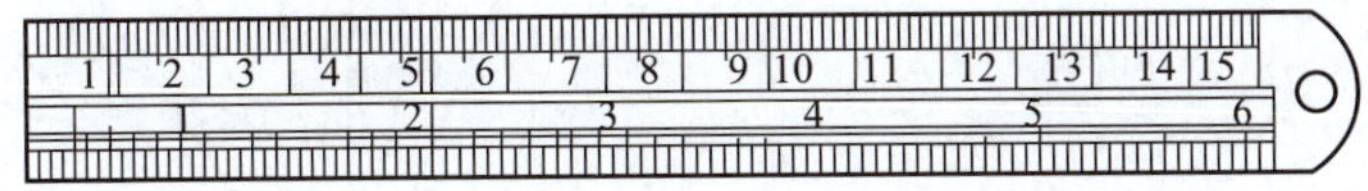

图2-1 钢直尺

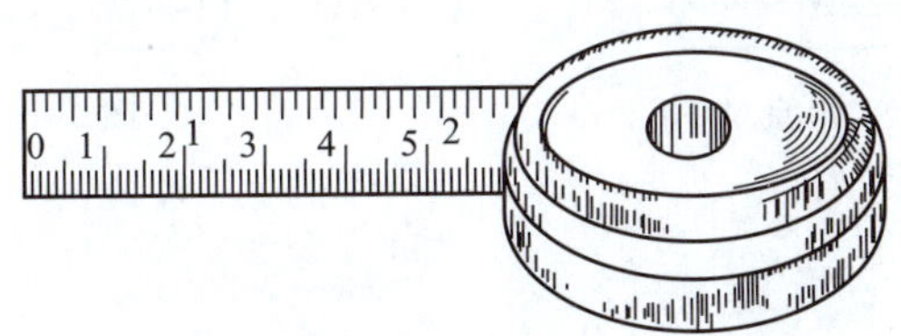

图2-2 钢卷尺

钢直尺的规格按长度分为150,300,500,1 000 mm或更长等多种。钢卷尺常用的有1 000,2 000 mm两种。尺上的最小刻度为0.5,1 mm两种。对0.5 mm以下的精度,要用游标卡尺或千分尺等量具测量。

(2) 直角尺(90°角尺)

直角尺的两边成90°角,用来检查零件垂直面之间的垂直情况。直角尺一般分整体直角尺和组合直角尺两种,如图2-3所示。整体直角尺用整块金属制成;组合直角尺由尺座和尺苗两部分组成,长而薄的一边称为尺苗,短而厚的一边称为尺座。有的直角尺在尺苗上带有尺寸刻度。直角尺的用法如图2-4所示。

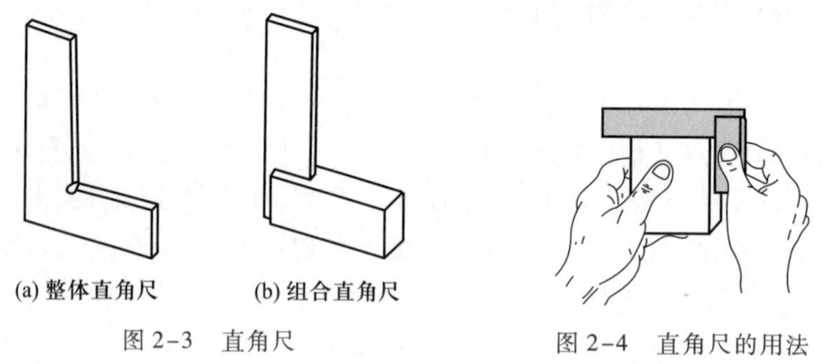

(a) 整体直角尺　(b) 组合直角尺

图2-3　直角尺

图2-4　直角尺的用法

(3) 刀口形直尺

刀口形直尺用于检查平面的平直情况。如果平面不直,则刀口形直尺与平面之间有间隙,再用塞尺检测,即可确定间隙值的大小。刀口形直尺如图2-5所示。

(4) 塞尺

塞尺用于检查两贴合面之间缝隙的大小,它由一组具有准确厚度尺寸的薄片组成,其厚度为0.02~1 mm,如图2-6所示。测量时用塞尺直接塞进间隙,当一片或数片塞进两贴合面之间,则一片或数片的厚度(可由每片上的标记读出)即为两贴合面之间的间隙值。

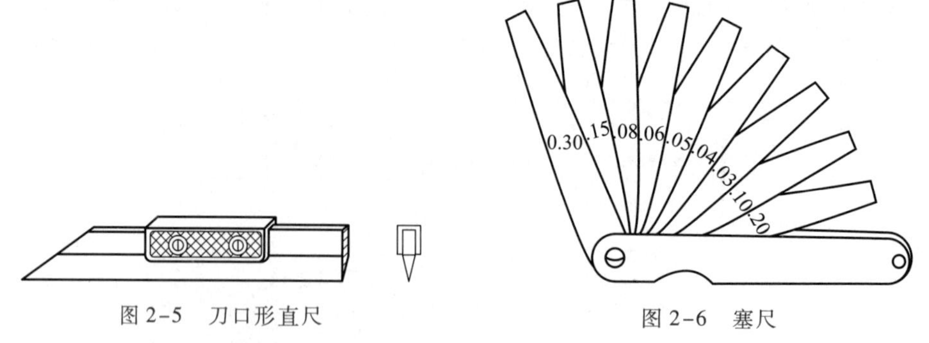

图2-5　刀口形直尺

图2-6　塞尺

2. 精密量具

常用的精密量具有游标卡尺(图2-7)、千分尺(图2-8)和游标万能角度尺(图2-9)等。

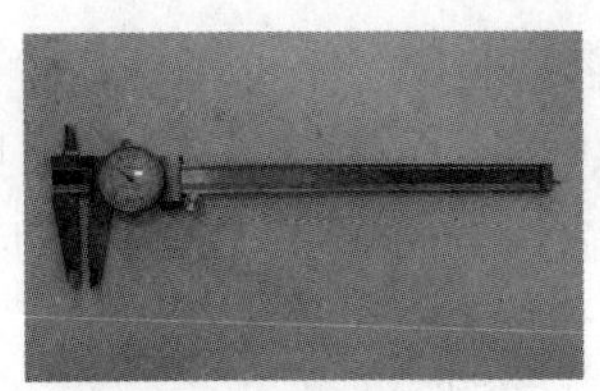
图 2-7　(带表)游标卡尺

图 2-8　千分尺

图 2-9　游标万能角度尺

2.2 游标卡尺的使用

游标卡尺是一种测量精度较高的量具,可直接测量零件的长度、外径、内径、深度等尺寸,如图 2-10 所示。

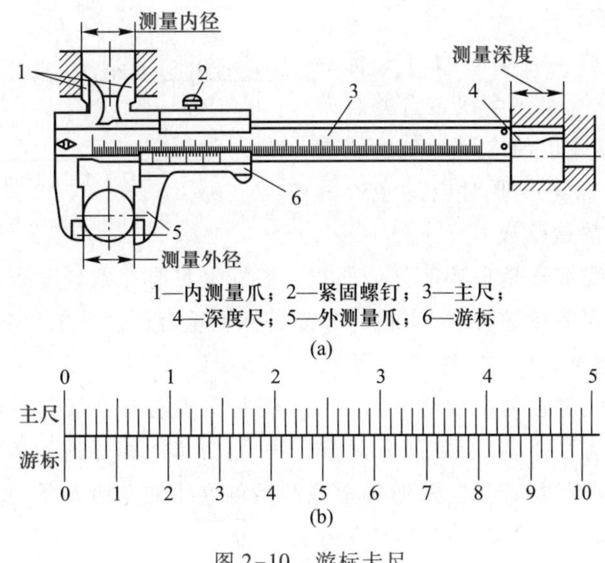

图 2-10　游标卡尺

1. 游标卡尺的特点

1）结构简单、轻巧,使用方便,用途广泛,保养方便;

2）测量范围大,可测量零件的长度、外径、内径、深度等尺寸。

2. 游标卡尺的结构

如图 2-10(a)所示,游标卡尺由主尺(又称尺身)、游标、紧固螺钉、测量爪、深度尺等组成。

3. 游标卡尺的原理

如图 2-10(b)所示，当主尺和游标的测量爪贴合时，主尺和游标上的零线对准，主尺上每小格为 1 mm，游标刻度总长为 49 mm 并等分为 50 个小格，因此游标的每小格为 49 mm/50＝0.98 mm，主尺与游标每小格之差为 1 mm－0.98 mm＝0.02 mm，即最小测量精度为 0.02 mm。

4. 游标卡尺的读数

游标卡尺的读数可分三步读出：

1）根据游标零线左侧主尺上的最近刻度线读出整数部分；

2）根据游标零线右侧与主尺某一刻度线对准的刻度线的格数乘以 0.02 mm 读出小数部分；

3）将整数和小数两部分尺寸相加，即为总尺寸。

如图 2-11 所示游标卡尺的读数为 133 mm+31×0.02 mm＝133.62 mm。

在测量时，游标刻度线与主尺刻度线会出现以下三种情况：

1）两条刻度线重合为整数　游标的零线与主尺的任意一条刻度线重合并且游标的最后一条刻度线也与主尺的刻度线重合，此时读数为游标零线所对应的主尺的刻度线读数，该读数是整数。

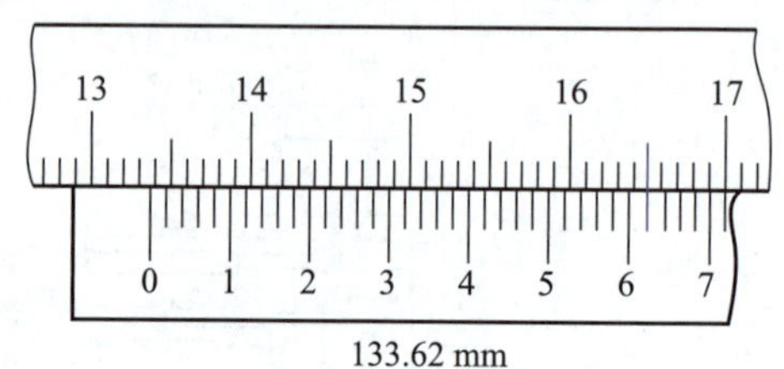

图 2-11　游标卡尺的读数

2）一条刻度线重合是小数部分为偶数　游标上只有一条刻度线与主尺的刻度线重合时，按游标卡尺的读数方法，小数部分为游标上重合刻度线的格数乘以 0.02 mm，此时的读数为偶数。

3）没有刻度线重合是小数部分为奇数　游标上没有刻度线与主尺的刻度线重合时，整数部分读数方法不变，小数部分读数方法为：游标上相邻的两条刻度线被主尺上对应的相邻两条刻度线所包容，从游标上该两条刻度线的左边一条向左数到零线时的格数乘以 0.02 mm 再加 0.01 mm 后作为小数部分。

5. 游标卡尺的测量方法

游标卡尺的测量方法如图 2-12 所示，其中图(a)所示为测量工件外径的方法；图(b)所示为测量工件内径的方法；图(c)所示为测量工件宽度的方法；图(d)所示为测量工件深度的方法。

6. 游标卡尺的正确使用及保养

1）使用前先擦净测量爪，然后合拢两测量爪使之贴合，检查主尺和游标零线是否对齐。若未对齐，应在测量后根据原始误差修正读数。

2）测量时方法要正确；读数时视线要垂直于尺面，否则测量值不准确。

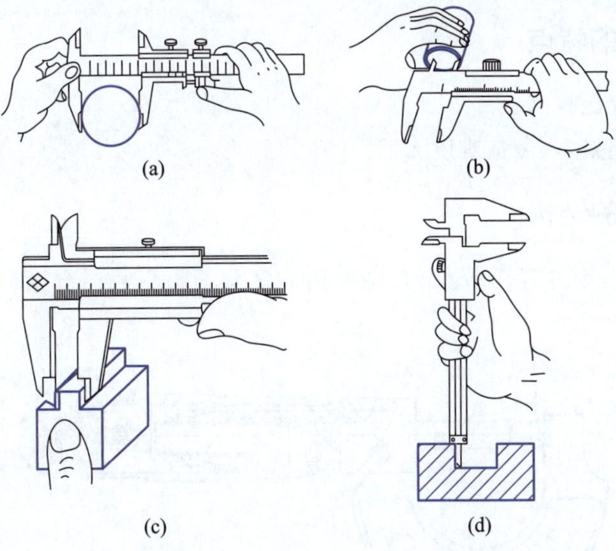

图 2-12　游标卡尺的测量方法

3）当测量爪与被测工件接触后，用力不能过大，以免测量爪变形或磨损，降低测量的准确度。

4）不得用游标卡尺测量毛坯表面。

5）不能把测量爪当划规、划针或起子使用。

6）不能把游标卡尺放在强磁场附近，不能和其他工具堆放在一起，不能敲打，使用完毕后须擦拭干净，放入盒内。

7）如有损坏请送相关人员维修，不得自行拆卸。

游标卡尺的种类很多，除了上述 0.02 mm 精度游标卡尺外，还有 0.1，0.05 mm 精度两种，除此类普通游标卡尺外，还有专门用于测量深度和高度的深度游标卡尺和高度游标卡尺，如图 2-13 所示。高度游标卡尺还可用于钳工精密划线工作。

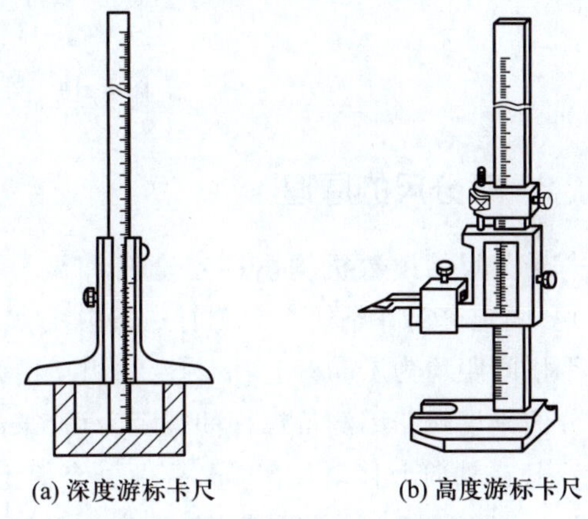

图 2-13　深度游标卡尺和高度游标卡尺

2.3 千分尺的使用

千分尺是一种测量精度比游标卡尺更高的量具，其测量精度为 0.01 mm，可估读到 0.001 mm。

1. 千分尺的特点

1）测量精度比较高；

2）规格种类繁多、制造难度大。

2. 千分尺的结构

图 2-14 所示为外径千分尺，它主要由固定套筒、尺架、微分套筒、测量螺杆及棘轮等构成。

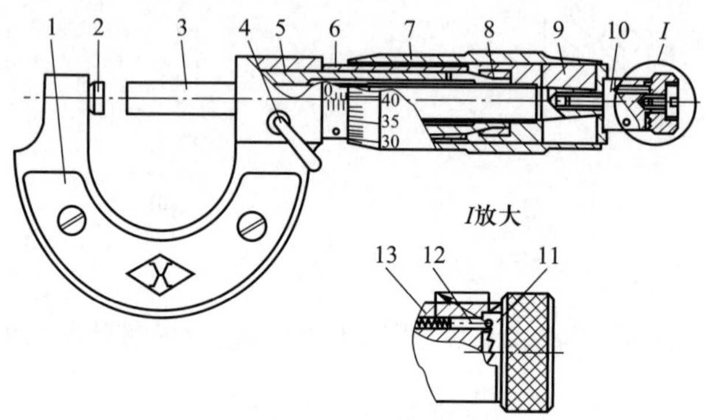

1—尺架；2—砧座；3—测量螺杆；
4—锁紧装置；5—螺纹轴套；6—固定套筒；
7—微分套筒；8—螺母；9—接头；10—测力装置；
11—棘轮；12—棘爪；13—弹簧

图 2-14　外径千分尺

3. 千分尺的原理

千分尺的读数机构由固定套筒和微分套筒组成（相当于游标卡尺的主尺和游标）。固定套筒在轴线方向刻有一条中线，中线的上、下方各刻有一排刻度线，刻度线每小格间距均为 1 mm，上、下刻度线相互错开 0.5 mm。在微分套筒左端圆周上有 50 等分的刻度线。因测量螺杆的螺距为 0.5 mm，即微分套筒旋转 360°（测量螺杆旋转一周），其在轴向上移动 0.5 mm，故微分套筒上每一小格的读数值为 0.5 mm/50 = 0.01 mm，即其测量精度为 0.01 mm。当千分尺的测量螺杆左端面与砧座表面接触时，微分套筒左端的边缘应与固定套筒刻度线的零线重合，同时微分套筒的零线应与固定套筒中线对准，如图 2-15 所示。

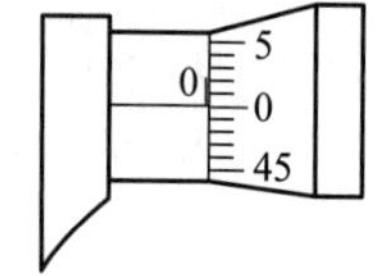

图 2-15　千分尺的原理

4. 千分尺的读数

千分尺的读数步骤如下：

1）读出固定套筒上露出的刻度线读数；

2）读出微分套筒上与固定套筒上中线对齐的刻度线读数，若无对齐刻度线，读出中线下最近的刻度线读数，并估读一位读数；

3）把以上两个读数相加，即为总尺寸。

如图 2-16 所示为千分尺的读数示例。

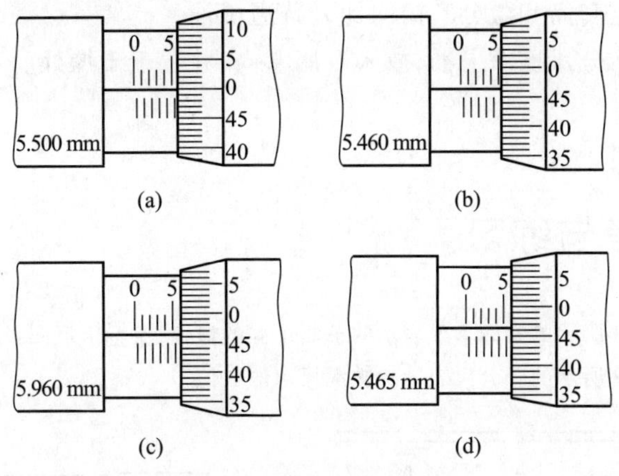

图 2-16　千分尺的读数示例

5. 千分尺的测量方法

千分尺的测量方法如图 2-17 所示，其中图（a）所示为测量小零件外径的方法；图（b）所示为在机床上测量工件外径的方法，注意测量时必须保持机床在停车状态。

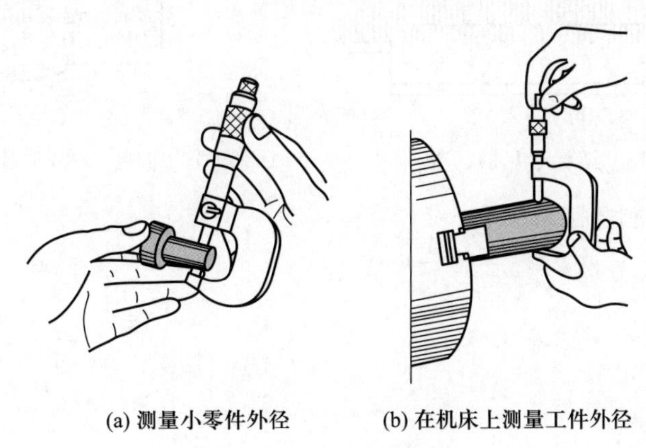

图 2-17　千分尺的测量方法

6. 千分尺的正确使用及保养

1）保持千分尺的清洁，尤其是测量面必须擦拭干净。使用前检查零线是否准确，若零线未对齐，应记住此数值，在测量时根据原始误差修正读数。

2）当测量螺杆快要接近工件时，改为转动端部棘轮，当棘轮发出“嘎嘎”打滑声时，表示压力合适，停止转动。严禁直接转动微分套筒至接触工件，以防用力过度致使测量不准确。

3）工件较大时应将工件放置在 V 形铁或平板上测量。

4）不得预先调好尺寸锁紧测量螺杆后用力卡过工件。这样用力过大，不仅测量不准确，而且会损坏千分尺测量面，产生非正常磨损。

5）不要拧松后盖，以免造成零线改变。

6）不要在固定套筒和微分套筒间加入普通机油。

7）使用后将千分尺擦净上油，放入专用盒内，并置于干燥处。

2.4 思考与练习

1. 试读出图 2-18 所示的游标卡尺表示的被测尺寸的数值，游标卡尺测量精度为 0.02 mm。

2. 试读出图 2-19 所示的千分尺表示的被测尺寸的数值。

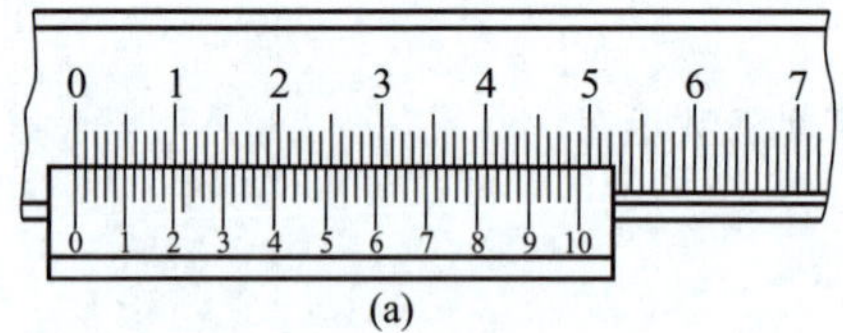

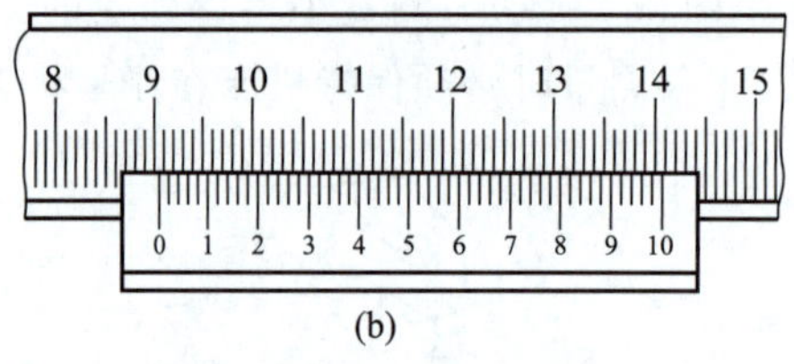

图 2-18　游标卡尺的读数

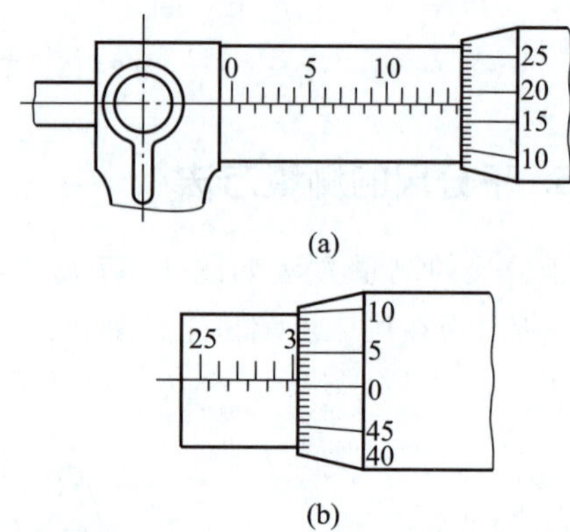

图 2-19　千分尺的读数

3. 如何对量具进行维护和保养？

任务三

划线

3.1 划线的作用

划线是在某些工件的毛坯上或半成品的表面，按图纸要求的尺寸划出加工界线的一种操作。

划线的作用如下：

1）表示出加工余量、加工位置或工件安装时的找正线，为工件加工和安装的依据。

2）检查毛坯的形状和尺寸，避免不合格的毛坯投入机械加工而造成浪费。

3）合理分配各加工表面的加工余量。

划线

3.2 划线的种类

划线分为平面划线和立体划线两类。

1. 平面划线

平面划线与几何作图相同，在工件的表面上按零件图划出所要求的线或点，如图 3-1 所示。

2. 立体划线

立体划线是指同时要在工件的几个不同表面（通常是在工件的长、宽、高三个方向上的表面）划线，才能反映出该工件的加工尺寸界线的划线方式，如图 3-2 所示。

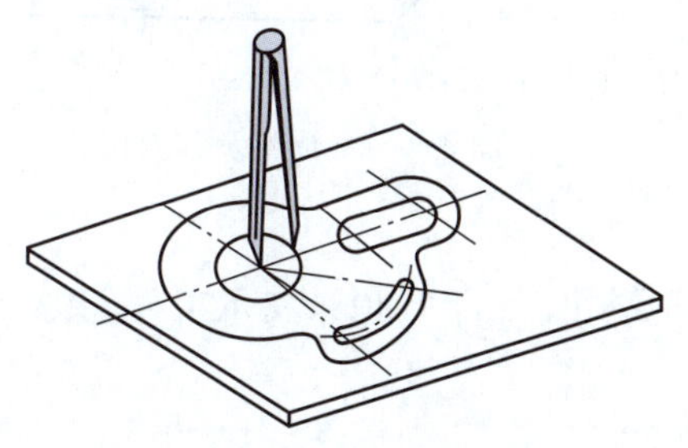

图 3-1　平面划线

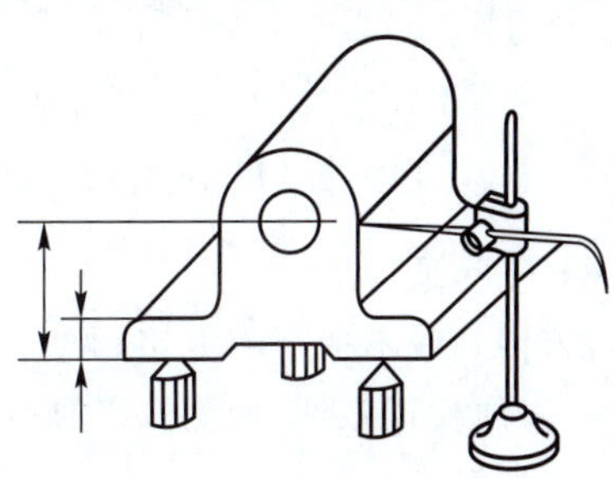

图 3-2　立体划线

3.3 划线工具及其用途

划线最常用的工具有划线平板、方箱、V 形架、千斤顶、划针、划规、划卡、划线盘、高度游标卡尺、样冲等。

(1) 划线平板

划线平板是划线的基准工具,如图 3-3 所示。它用铸铁制成,上平面要求平直、光洁,是划线用的基准平面。平板应安放平稳,不许碰磕和锤击。若长期不使用,上平面应涂抹防锈油,并用模板盖护。

(2) 方箱

方箱如图 3-4 所示,其用于划线时夹持较小的工件,通过在平板上翻转方箱,便可在工件表面划出相互垂直的线,如图 3-5 所示。

图 3-3　划线平板

图 3-4　方箱

(3) V 形架

V 形架用于划线时支承圆柱体工件,使其轴线与平板平面平行,如图 3-6 所示。

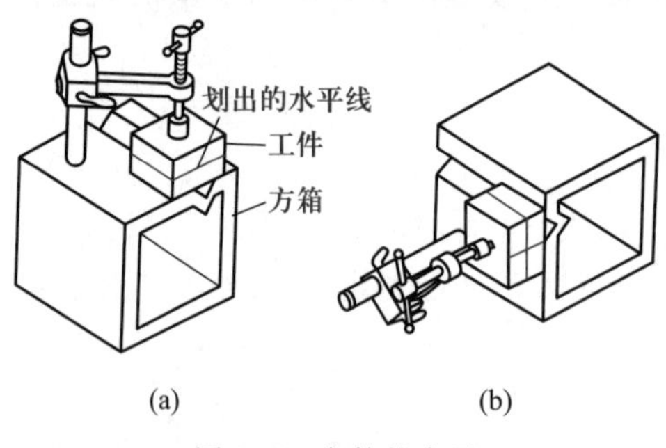

图 3-5　方箱的应用

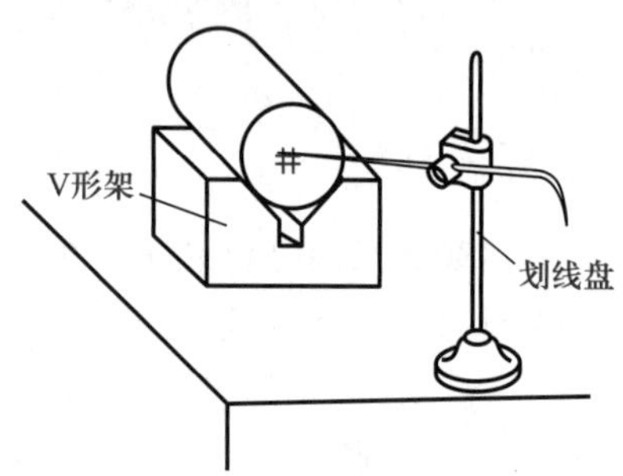

图 3-6　V 形架及其应用

(4) 千斤顶

当工件划线不适合用方箱和 V 形架时,通常用三个千斤顶来支承工件,其高度可以调整,以便找正工件,如图 3-7 所示。

(5) 划针

划针是平面划线工具,多用弹簧钢制成,其端部淬火后磨尖,如图 3-8 所示。

(6) 划规

划规是平面划线工具，其作用与几何作图中的圆规类似，如图 3-9 所示。

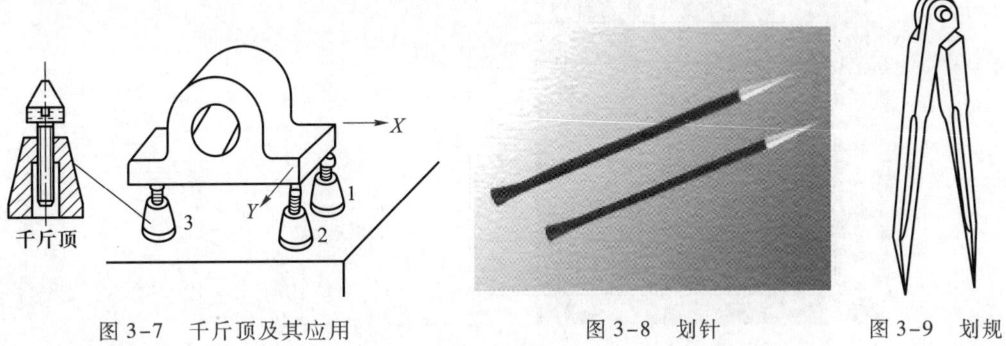

图 3-7 千斤顶及其应用　　图 3-8 划针　　图 3-9 划规

(7) 划卡

划卡也称单脚划规，主要用于确定轴和孔的中心，如图 3-10 所示。

(8) 划线盘

划线盘是立体划线的主要工具，如图 3-11 所示。将划针调节到一定高度，并且在划线平板上移动划线盘，即可在工件上划出与平板平面平行的水平线。

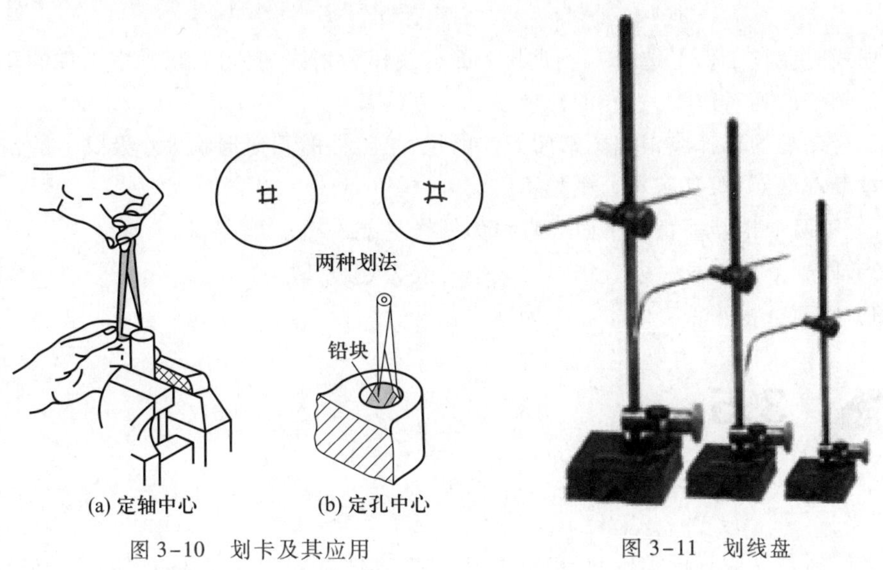

图 3-10 划卡及其应用　　图 3-11 划线盘

(9) 高度游标卡尺

高度游标卡尺是一种精密工具，主要用于半成品工件的划线，不允许用于毛坯上划线，如图 3-12 所示。

(10) 样冲

样冲用于在工件所划线上打出样冲眼，以便在划线模糊后能找到原线的位置；或用于钻孔之前在孔的中心打出样冲眼，以便钻孔时确定孔的中心位置和便于钻头定心。打样冲眼时，先使样冲向外倾斜，以便样冲尖头与线对正，然后摆正样冲，用小锤轻击样冲顶部即可，如图 3-13 所示。

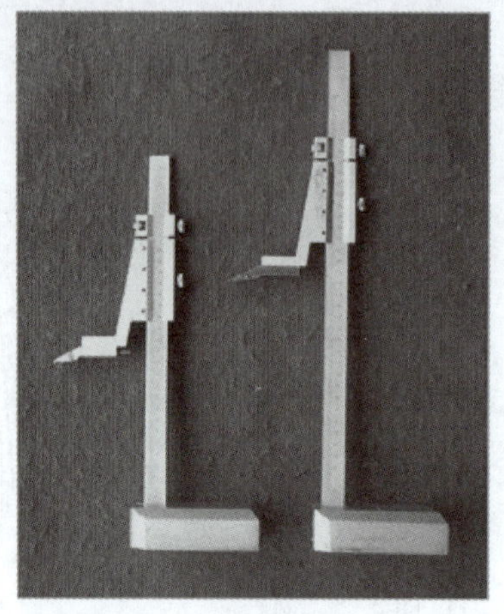

图 3-12　高度游标卡尺

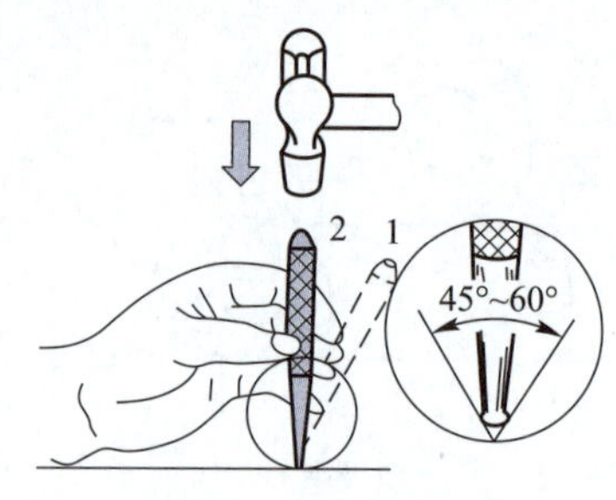

图 3-13　样冲及其应用

3.4 划线基准的选择

划线时应在工件上选择一个或几个面或线作为划线的依据，以确定工件的几何形状和各部分的相对位置，这样的面或线称为划线基准。

划线基准的选择应根据图纸所标注的尺寸、工件的几何形状大小及尺寸的精度高低或重要程度而定，其基本原则如下：

1）以两个相互垂直的平面或直线为划线基准；

2）以一个平面或一条直线和一条中心线为划线基准；

3）以两条相互垂直的中心线为划线基准。

3.5 划线步骤

划线时首先应分析零件图，确定加工工艺、划线基准和划线部位，检查毛坯是否合格，清理毛坯上的氧化皮和毛刺，在划线的部位涂一层涂料，铸锻件涂大白，已加工面涂品紫或品绿颜料，带孔的毛坯用铅块或木块堵孔，以便确定孔的中心位置，最后进行划线操作，具体步骤如下：

1）看懂图纸，确定加工工艺，便于选择划线基准；

2）熟悉划线工件，确定划线基准；

3）检查划线工件并确定划线部位，主要是对毛坯和上道工序的加工尺寸进行检查，及时发现缺陷，以便在划线过程中予以修正和合理分配加工余量；

4）清理工件和涂色，以便划线清晰可辨；

5）准备必要的工具，如铅块、木块等，以便确定工件孔的中心位置；

6）做好划线前的其他一切准备工作，完成划线。

3.6 思考与练习

1. 在使用样冲、划针时应该注意什么？
2. 根据图 3-14 所示凹块的形状和尺寸，写出其划线步骤。

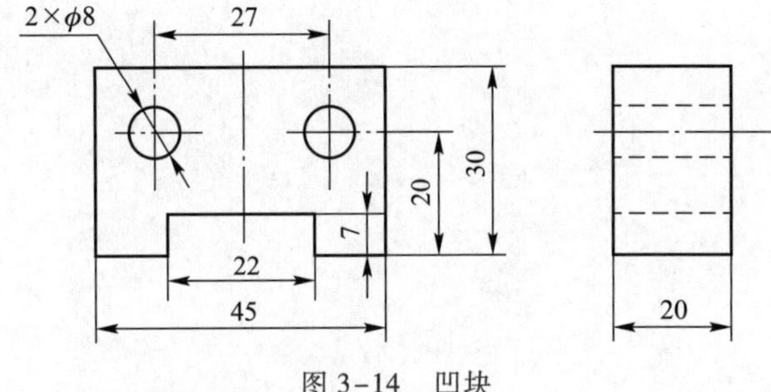

图 3-14　凹块

任务四

孔加工和螺纹加工

4.1 钻床的简单介绍

钳工的钻孔、扩孔和铰孔工作多在钻床上进行。常用的钻床有台式钻床、立式钻床和摇臂钻床等。

1. 台式钻床

台式钻床简称台钻，如图 4-1 所示。它是一种放在作业台上使用的小型钻床，钻孔直径一般在 12 mm 以下，最小可加工直径为 1 mm 的孔。由于加工的孔径较小，台钻的主轴转速一般较高，最高转速可达 10 000 r/mm，主轴的转速可通过改变 V 带在带轮上的位置来调节。台钻的主轴进给运动是手动操作的。台钻小巧灵活、使用方便，主要用于加工小型零件上的各种小孔，在仪表制造、钳工和装配中用得最多。

2. 立式钻床

立式钻床简称立钻，如图 4-2 所示。立钻主要由主轴、主轴变速箱、进给箱、立柱、工作台和机座等组成。主轴进给既可手动，也可机动。在立钻上加工时，加工完一个孔后，再钻另一个孔时，须移动工件，使钻头对准另一个孔的中心后再加工，这

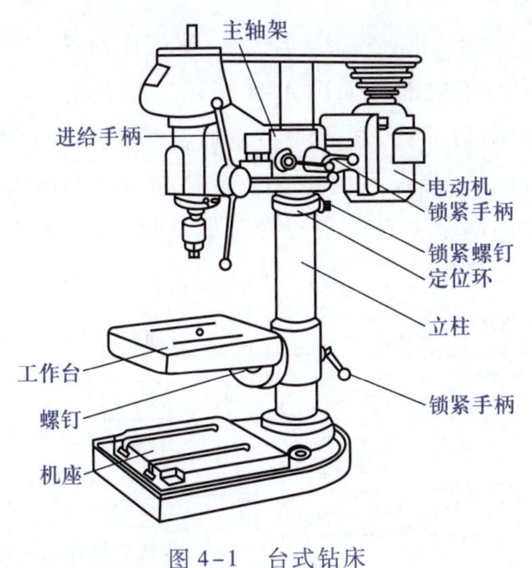

图 4-1　台式钻床

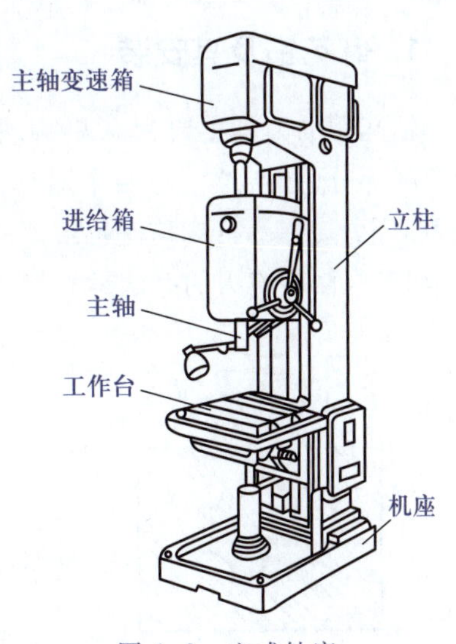

图 4-2　立式钻床

对移动一些较大的工件来说比较麻烦。因此，立钻适用于加工中小型工件上的中小孔。

3. 摇臂钻床

摇臂钻床如图 4-3 所示，它有一个能绕立柱旋转的摇臂，摇臂带着主轴箱可以沿立柱垂直移动，同时主轴箱还能在摇臂上做横向移动，主轴可沿自身轴线垂直移动或进给。由于摇臂钻床的这些特点，操作时能很方便地调整刀具的位置，以对准被加工孔的中心，而不需移动工件来进行加工，比起在立钻上加工要方便得多。因此，它适用于加工一些笨重的大型工件及多孔工件上的大、中、小孔，广泛应用于单件和成批量生产中。

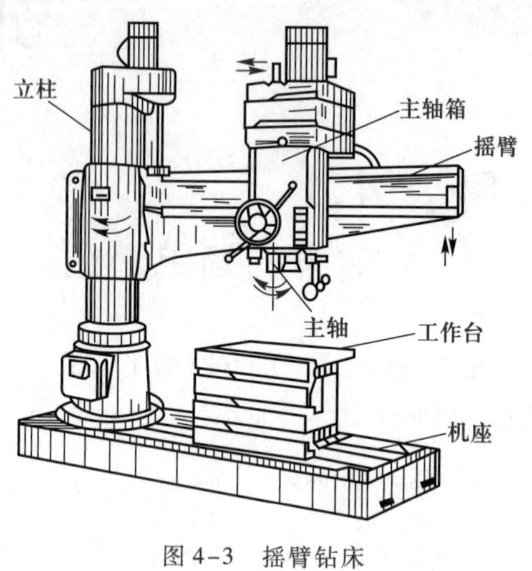

图 4-3　摇臂钻床

4.2 钻孔

钻孔是用钻头在实体材料上加工孔的方法。在钻床上钻孔时，工件固定不动，钻头一边旋转（主轴运动），一边沿轴向向下移动（进给运动），如图 4-4 所示。由于钻头结构上存在着刚度差和导向性差等缺点，因此影响了加工质量。钻孔属于粗加工，公差等级一般为 IT11 ~ IT14，表面粗糙度 Ra 值为 12.5 ~ 25 μm。

1. 麻花钻及其安装

钻孔用的刀具主要为麻花钻，麻花钻的组成部分如图 4-5 所示。麻花钻的前端为切削部分（图 4-6），有两个对称的主切削刃，两刃之间的夹角通常为 116° ~ 118°，称为顶角。钻头的顶部有横刃，即两主后面的交线，它的存在会使钻削时的轴向力增加，常采取修磨横刃的办法缩短横刃。导向部分上有两条刃带和螺旋槽，刃带的作用

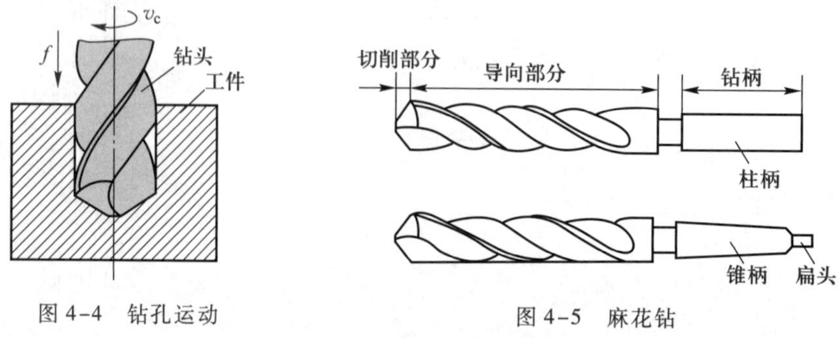

图 4-4　钻孔运动

图 4-5　麻花钻

是引导钻头和减少与孔壁的摩擦，螺旋槽的作用是容屑并向孔外排屑和向孔内输送切削液。麻花钻的结构决定了它的刚度和导向性均比较差。

麻花钻按钻柄形状的不同，有不同的安装方法。锥柄钻头可以直接装入机床主轴的锥孔内。当钻头的锥柄小于机床主轴锥孔时，则需用图 4-7 所示的变径套来安装。由于变径套要适用于各种规格麻花钻的安装，所以套筒一般有数只，可配合使用。柱柄钻头通常要用图 4-8 所示的钻夹头进行安装。

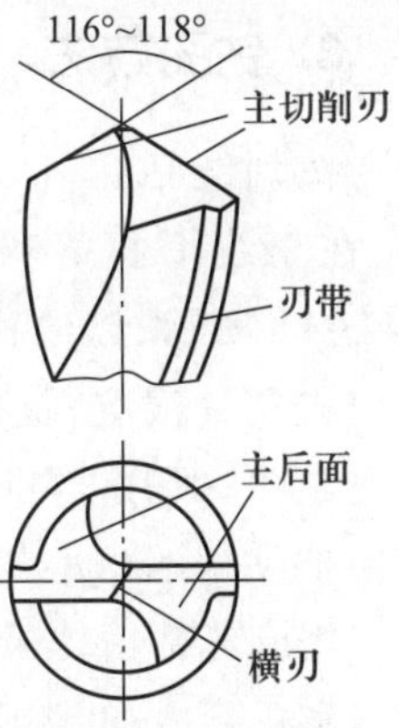

图 4-6 麻花钻的切削部分

2. 工件的安装

在立钻或台钻上钻孔时，工件通常用平口虎钳安装，如图 4-9(a)所示。对于不便用平口虎钳装夹的工件，可采用压板、螺栓把工件直接安装在工作台上，如图 4-9(b)所示，夹紧前要先按划线标志的孔位进行找正。

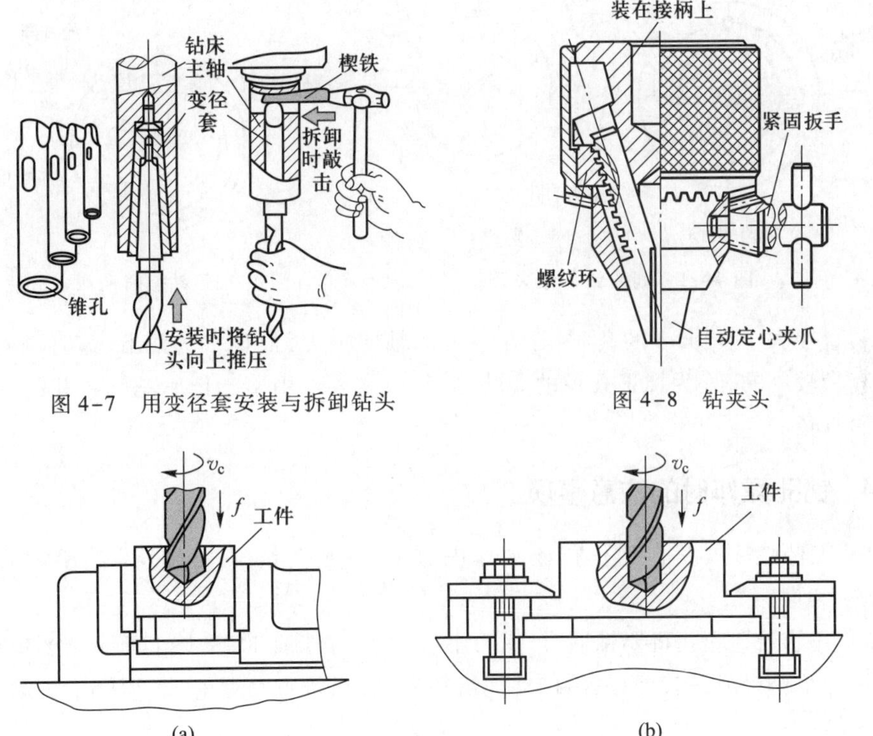

图 4-7 用变径套安装与拆卸钻头

图 4-8 钻夹头

图 4-9 钻床钻孔常用的工件装夹方法

在成批量和大量生产中，广泛使用钻模进行钻孔。钻模的形式很多，图 4-10 所示为其中的一种。将钻模装夹在工件上，钻模上装有淬硬的耐磨性很高的钻套，用以引导钻头。钻套的位置是根据所需钻孔的位置确定的，因而应用钻模钻孔时，可免去划线工作，提高生产效率和孔间距的精度，降低表面粗糙度。

3. 钻孔方法

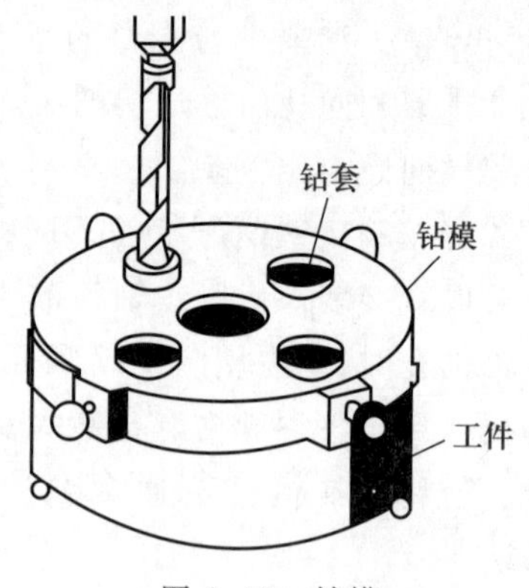

图 4-10　钻模

按划线钻孔时，钻孔前应在孔中心处打好样冲眼，在划线上打好检查样冲眼，再划出检查圆，如图 4-11 所示，以便找正中心，便于引钻。正式钻孔前应先钻一浅坑，检查判断钻孔位置是否对中。若偏离较多，可用样冲在应钻掉的位置錾出几条槽，以便把钻偏的中心纠正过来，如图 4-12 所示。

用麻花钻钻较深的孔时，要经常退出钻头以排出切屑和进行冷却，否则可能使切屑堵塞在孔内卡断钻头或由于过热而加剧钻头磨损。为降低切削温度，提高钻头的耐用度，钻削需要添加切削液。

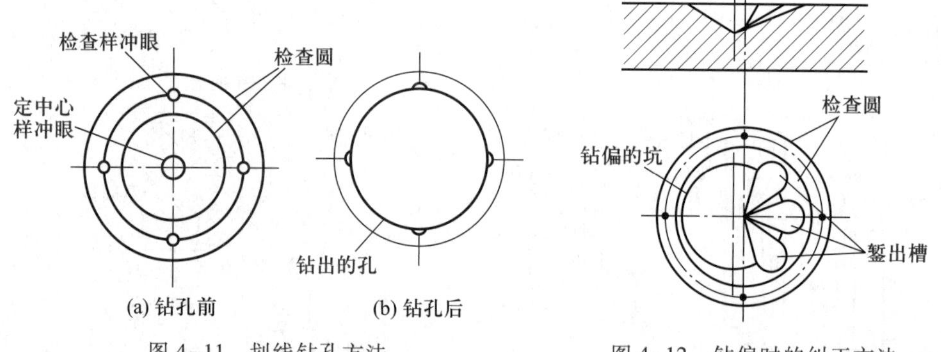

图 4-11　划线钻孔方法

图 4-12　钻偏时的纠正方法

钻直径大于 30 mm 的孔时，存在较大的轴向抗力，很难一次钻出，这时可先钻出一个直径较小的孔（为加工孔径的 50% 左右），然后再用第二把麻花钻将孔扩大到所要求的直径。

4. 钻孔操作时的注意事项

1）工件必须夹紧在工作台或平口虎钳上，在任何情况下均不准用手拿着工件钻孔。

2）开始钻孔和孔将要钻通时，用力不宜过大；钻通孔时，工件下面一定要加垫块，以免钻伤工作台或平口虎钳；用机动进给钻通孔，当接近钻通时，必须停止机动，改用手动进给。

3）使用接杆钻头钻深孔时，必须勤排切屑；钻孔后需要锪（铣）平面时，须用手扳动手柄（轮）微动锪（铣）削，不准机动进给。

4）拆卸钻头、变径套、钻夹头等工具时，须用标准楔铁冲下或用钻卡扳手松开，不准用其他工具随意敲打。

5）根据被钻工件的材料，正确选用冷却液。

5. 钻孔时容易出现的问题及其产生原因（表 4-1）

表 4-1 钻孔时容易出现的问题及其产生原因

出现的问题	产生原因
孔大于规定尺寸	1）钻头两主切削刃长度不等，高低不一致； 2）钻床主轴径向偏摆或工作台未锁紧有松动； 3）钻头本身弯曲，或装夹不好使钻头有过大的径向跳动现象
孔壁粗糙	1）钻头不锋利； 2）进给量过大； 3）切削液选用不当或供应不足； 4）钻头过短、螺旋槽堵塞、孔位偏移
孔位偏移	1）工件划线不正确； 2）钻头横刃长、定心不准，起钻过偏且没有校正
孔歪斜	1）工件上与孔垂直的平面与主轴不垂直，或钻床主轴与工作台面不垂直； 2）工件安装时安装接触面上的切屑未清除干净； 3）工件装夹不牢，钻孔时产生歪斜，或工件有砂眼； 4）进给量过大使钻头产生弯曲变形
钻孔呈多角形	1）钻头后角太大； 2）钻头两主切削刃长短不一，角度不对称
钻头工作部分折断	1）钻头用钝后仍继续钻孔； 2）钻孔时未经常退钻排屑，使切屑在钻头螺旋槽内阻塞； 3）孔将钻通时，进给量过大，没有减小进给量； 4）工件未夹紧，钻孔时产生松动； 5）在钻黄铜一类软金属时，钻头后角太大，前角又没有修磨小造成扎刀
切削刃迅速磨损或碎裂	1）切削速度过高； 2）没有根据工件的内部硬度来刃磨钻头角度； 3）工件表面或内部硬度不均或有砂眼； 4）进给量过大； 5）切削液不足

6. 麻花钻的刃磨

（1）刃磨顶角

操作者应站在砂轮机的左侧，右手握住钻头的头部，左手握住柄部，被刃磨部分的主切削刃处于水平位置，使钻头中心线与砂轮圆柱母线在水平面内的夹角等于钻头顶角的一半，同时钻尾向下倾斜，如图 4-13 所示。

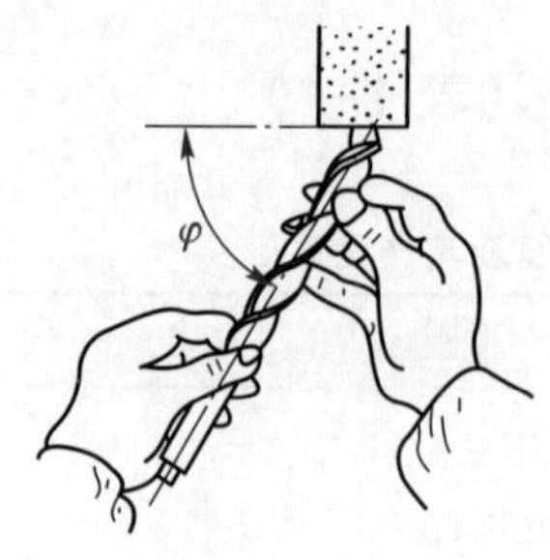

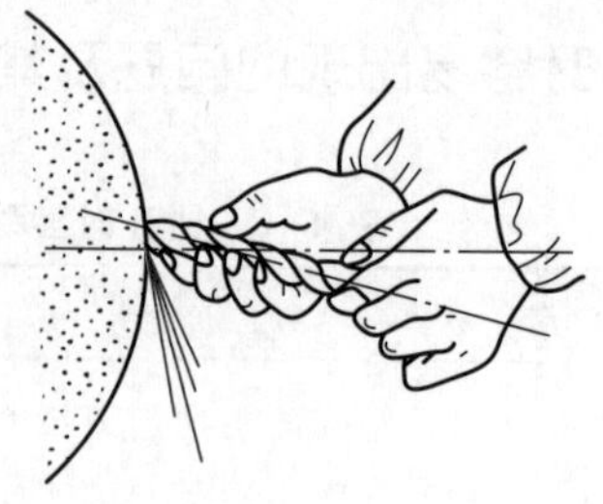

图 4-13　刃磨顶角

(2) 刃磨后角

将主切削刃在略高于砂轮水平中心平面处与砂轮接触。右手缓慢地使钻头绕自己的轴线顺向转动,同时施加适当的刃磨压力。左手配合右手做缓慢的同步下压运动,刃磨压力逐渐增大,便于磨出后角,下压的速度及其幅度随要求的后角大小而变,如图 4-14 所示。为保证钻头近中心处磨出较大的后角,还应做适当的右移运动。刃磨时两手动作的配合要协调、自然,压力不要过大,要经常蘸水冷却,防止温度过高而降低钻头硬度。

(3) 修磨横刃

由于麻花钻横刃较长会导致不易定心(钻头易发生抖动)、切削条件差,故一般直径在 5 mm 以上的钻头均需磨短横刃。磨削时要增大横刃处的前角,缩短横刃的长度。将麻花钻中心线所在水平面向砂轮内侧倾斜约 15°夹角,所在竖直平面向刃磨点的砂轮半径方向下倾约 55°夹角,如图 4-15 所示。修磨时转动钻头,使麻花钻刃背接触砂轮圆角处,由外向内沿刃背线逐渐磨至钻心将横刃磨短,然后将麻花钻转过 180°,修磨另一侧横刃。修磨后的横刃长度为原来长度的 1/5 ~ 1/3,横刃斜角为-15° ~ 0°。

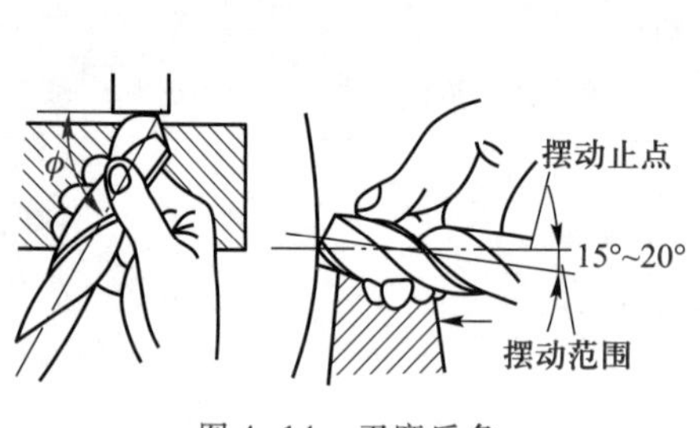

图 4-14　刃磨后角

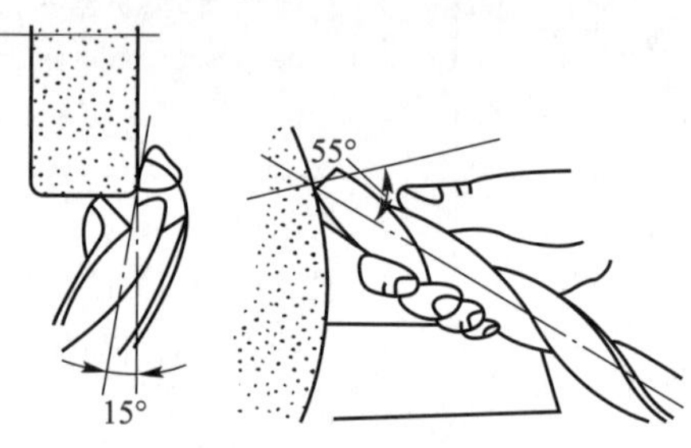

图 4-15　修磨横刃

(4) 刃磨的检查

1) 目测检查　刃磨过程中,需不时检查刃磨情况,把钻头切削部分向上竖起,两眼平视,观察两主切削刃的长短、高低和后角的大小,根据目测情况轮换刃磨两后面,使两主切削刃对称,直至达到刃磨要求,如图 4-16 所示。

2) 用样板检查　麻花钻刃磨后的顶角和横刃斜角可用样板进行检查,如图 4-17 所示,不合格时需再进行修磨,直至各角度达到要求。

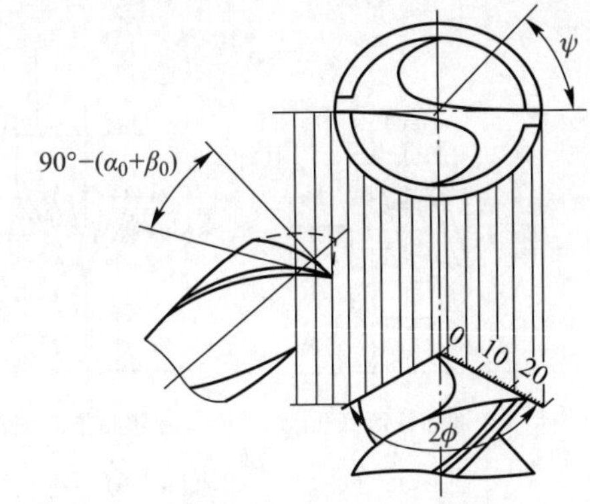

图 4-16 目测检查

图 4-17 用样板检查

4.3 扩孔

扩孔用于扩大工件上已有的孔(锻出、铸出或钻出的孔),其切削运动与钻孔相同,如图 4-18 所示。它可以在一定程度上校正原孔轴线的偏斜,并使其获得较正确的几何形状与较低的表面粗糙度。扩孔属于半精加工,其公差等级可达 IT9、IT10,表面粗糙度 Ra 值为 3.2 ~ 6.3 μm。扩孔既可作为孔加工的最后工序,也可作为铰孔前的预备工序。扩孔加工余量一般为 0.5 ~ 4 mm,小孔取小值,大孔取大值。扩孔的切削速度为钻孔的 1/2。扩孔的进给量为钻孔的 1.5 ~ 2 倍。

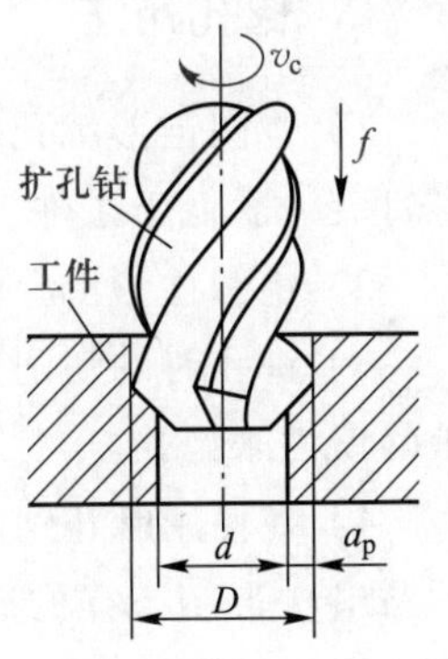

图 4-18 扩孔及其切削运动

扩孔钻的形状与麻花钻相似,如图 4-19 所示。不同的是扩孔钻有 3 ~ 4 个切削刃,无横刃,扩孔钻的钻芯大,其刚度较好、导向性好、切削平稳,因而扩孔的加工质量比钻孔高。

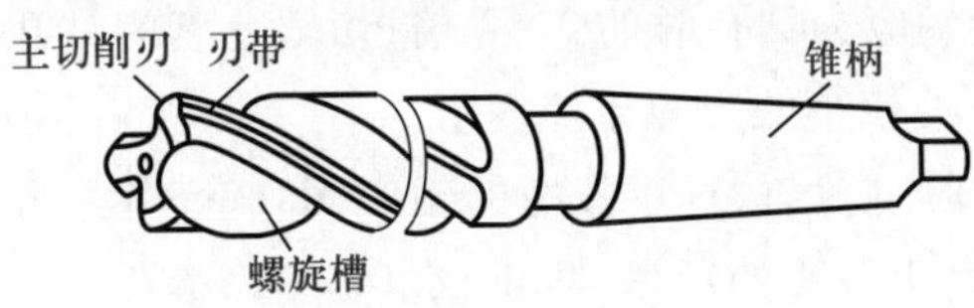

图 4-19 扩孔钻

4.4 锪孔

锪孔是用锪钻在孔口加工出一定形状的孔或表面的方法,可分为锪圆柱形沉孔、锪圆锥形沉孔和锪平面等形式,如图 4-20 所示。

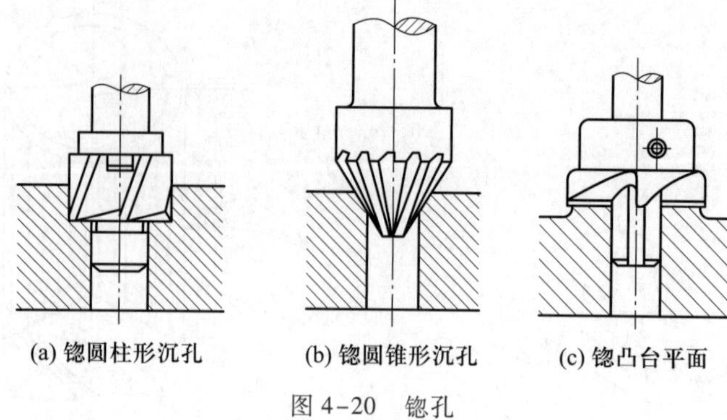

图 4-20　锪孔

1. 锪钻的种类及用途

1）柱形锪钻　主要用于锪圆柱形沉孔。

2）锥形锪钻　主要有 60°、75°、90°、120°等几种，主要用于锪圆锥形沉孔（沉头铆钉孔和沉头螺钉孔）。

3）端面锪钻　主要用来锪平孔口端面，以保证孔端面与孔中心线的垂直度。

2. 锪孔方法

1）锪圆锥形沉孔时，首先按图样要求选用锥形锪钻。锪孔深度一般控制在埋头螺钉装入后低于工件表面约 0.5 mm 为宜。要求加工表面无振痕。

2）锪圆柱形沉孔时，孔底平面要平整且与底孔轴线垂直，加工表面无振痕。

3）锪孔时的切削速度一般是钻孔时的 1/3 ~ 1/2，精锪时甚至可以利用停机时主轴的惯性来锪孔。

4）在使用麻花钻改制成的锪钻锪制平底孔时，应先用同规格的麻花钻钻出底孔，即钻出 0.5 ~ 1 mm 的成型孔，以便定心。

3. 锪孔操作时的注意事项

1）锪孔时的进给量应为钻孔时的 2 ~ 3 倍，切削速度为钻孔时的 1/3 ~ 1/2 为宜。应尽量减小振动，以获得较小的表面粗糙度值。

2）用麻花钻锪孔时，应尽量选用较短的钻头，并修磨外缘处前面，使前角变小，以防振动和扎刀。还应磨出较小的后角，防止锪出多角形表面。

3）锪钢材料的工件时，因切削热量大，应在导柱和切削表面上加注切削液。

4.5 铰孔

铰孔是用铰刀对孔进行精加工的方法，如图 4-21 所示。铰孔的公差等级可达 IT6 ~ IT8，表面粗糙度 Ra 值可达 0.8 ~ 1.6 μm。

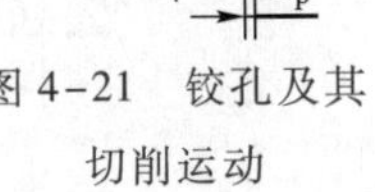

1. 铰刀的种类

铰刀按其使用方法可分为手用铰刀和机用铰刀;按几何形状可分为圆柱铰刀和圆锥铰刀;按结构可分为整体式铰刀和可调式铰刀。

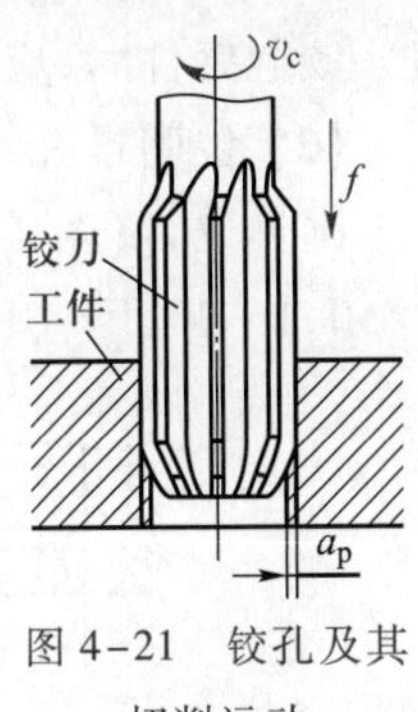

图 4-21 铰孔及其切削运动

铰刀的结构如图 4-22 所示,其中图(a)所示为机用铰刀,图(b)所示为手用铰刀。机用铰刀多为锥柄,装在钻床或车床上进行铰孔,铰孔时选较低的切削速度,铰刀不能反转,以免崩刃和损坏已加工表面,还要选用合适的切削液,以降低加工孔的表面粗糙度 Ra 值,提高孔的加工精度。手用铰刀切削部分较长,导向作用好,易于铰削时的导向和切入。手铰孔时,将铰刀沿原孔放正,然后用手转动铰杠,并轻压向下进给。铰孔时的加工余量很小,粗铰一般为 0.15 ~0.25 mm,精铰一般为 0.05 ~0.15 mm。

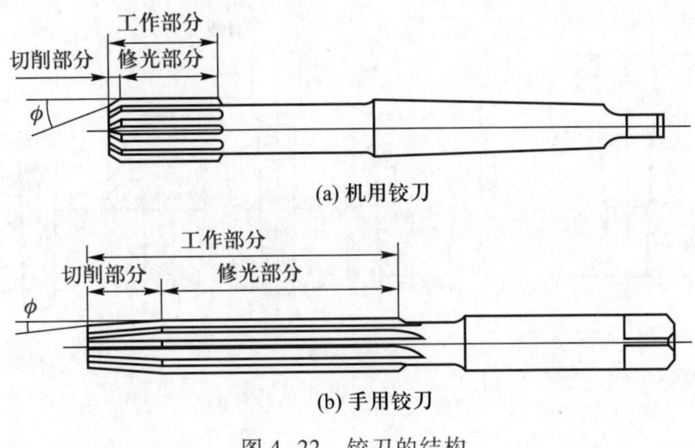

图 4-22 铰刀的结构

2. 铰杠的种类

铰杠为用以夹持丝锥、铰刀的手工旋转工具。铰杠分为普通铰杠和丁字铰杠两类,其中普通铰杠又分为固定式铰杠和活络式铰杠。活络式铰杠如图 4-23 所示,转动调节手柄,即可调节方孔大小。

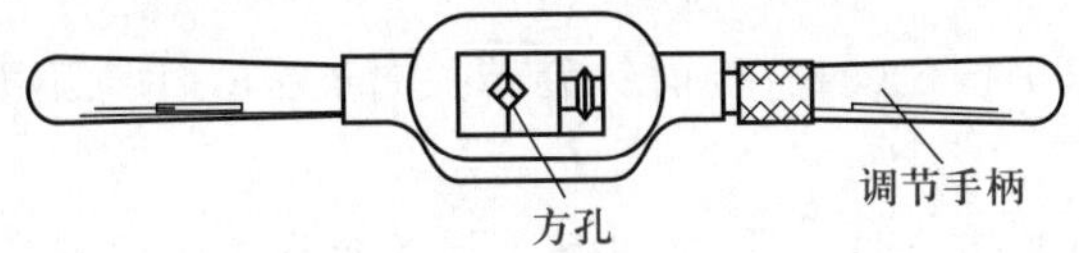

图 4-23 活络式铰杠

3. 铰孔方法

(1) 铰圆柱孔

铰孔前要用百分尺检查所选铰刀直径是否合适。铰孔时,铰刀应垂直放入孔中,然后用铰杠转动铰刀并轻压进给即可进行铰孔。铰孔过程中,铰刀不可倒转,以免崩刃。铰削钢件时，应加机油润滑；铰削带槽孔时，应选螺旋刃铰刀。

（2）铰圆锥孔

圆锥铰刀（图 4-24）专门用于铰圆锥孔。其切削部分的锥度有多种型号可选，如 1∶50、1∶30、1∶10，其所选锥度应与圆锥孔的锥度相符。

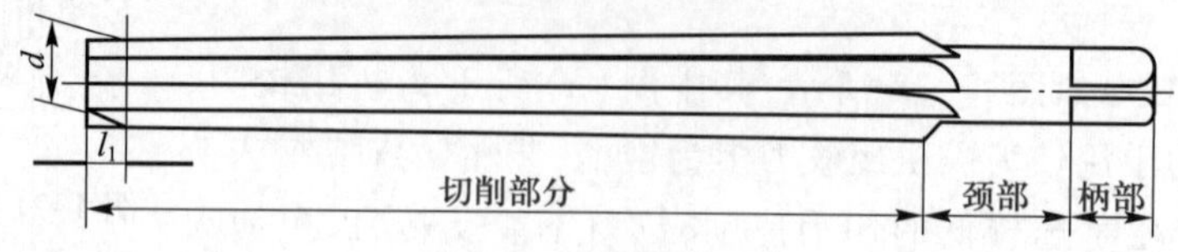

图 4-24 圆锥铰刀

尺寸较小的圆锥孔，可先按小头直径钻出圆柱孔，然后用圆锥铰刀铰削即可；对于尺寸和深度较大的孔，铰孔前应先钻出阶梯孔，然后再用圆锥铰刀铰削。铰削过程中，要经常用相配的圆锥销来检查尺寸，如图 4-25 所示。

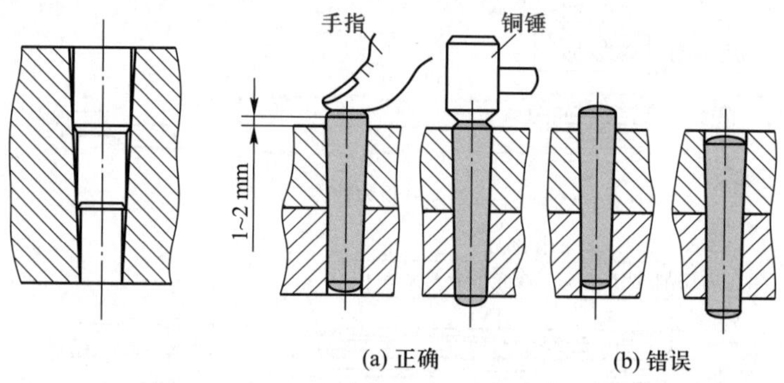

图 4-25 铰圆锥孔及其检查

4. 铰孔的操作要领

1）工件要夹正，夹紧力要适当，以防工件变形。

2）手铰时，两手用力要均匀，以保持铰刀的平稳性，避免铰刀摇摆而造成孔口喇叭状和孔径扩大。

3）旋转铰刀并双手轻轻加压，使铰刀均匀进给，不要在同一方位停顿，防止造成振痕。

4）在退刀时，双手扶住铰杠，顺时针旋转并向上拔。注意不要逆时针旋转，避免拉毛孔壁和崩裂刀刃。

5）在加工过程中，按工件材质、铰孔精度要求合理选用切削液。

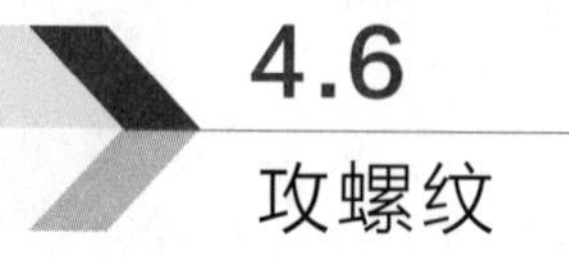

4.6 攻螺纹

用丝锥加工内螺纹的方法称为攻螺纹，如图 4-26 所示。

1. 丝锥

丝锥是专门用于加工内螺纹的刀具，如图 4-27 所示。M3 ~ M20 手用丝锥多制成两支一套，分别称为头锥、二锥。每个丝锥的工作部分由切削部分和校准部分组成。切削部分（即不完整的牙齿部分）是切削螺纹的主要部分，其作用是切去孔内螺纹牙间的金属。头锥有 5 ~7 个不完整的牙齿，二锥有 1 ~2 个不完整的牙齿。校准部分的作用是修光螺纹、引导丝锥和校准螺纹牙型。

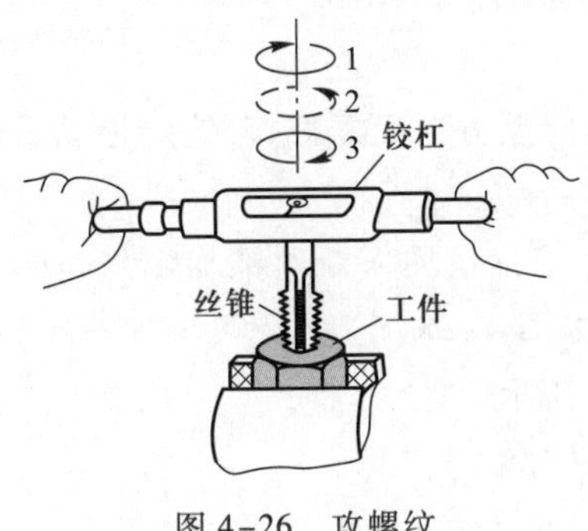

图 4-26　攻螺纹

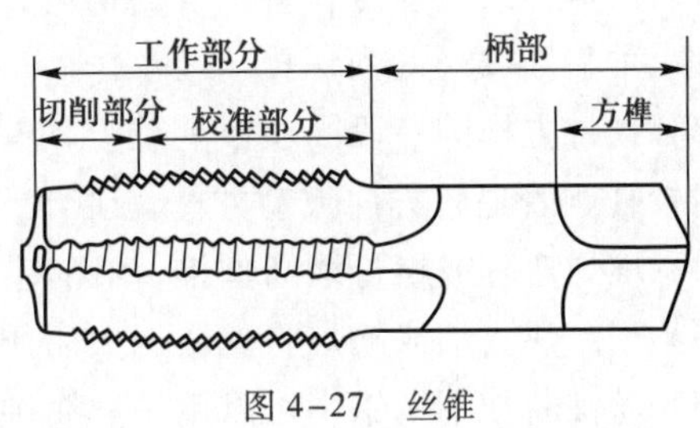

图 4-27　丝锥

2. 攻螺纹方法

（1）钻螺纹底孔

底孔的直径可查手册或按如下经验公式计算：

1）脆性材料（铸铁、青铜等）：

$$D_0=D-1.1P$$

2）韧性材料（钢料、紫铜等）：

$$D_0=D-P$$

钻孔深度＝要求的螺纹深度+0.7D

式中，D_0——钻孔直径；

D——螺纹大径；

P——螺距。

（2）用头锥攻螺纹

攻丝前，对螺纹底孔进行倒角，倒角尺寸一般为（1 ~ 1.5）$P\times45°$，若为通孔，则两端均要倒角。倒角有利于丝锥开始切削时切入，且可避免孔口螺纹牙齿崩裂。开始时，将丝锥垂直放入工件螺纹底孔内，然后用铰杠轻压旋入 1 ~2 周，目测检查或用直角尺在两个互相垂直的方向上检查丝锥与孔端的垂直情况，并及时纠正丝锥，使其与端面保持垂直。当丝锥切入 3 ~4 周后，可以只转动不加压，每转 1 ~2 周应反转 1/4 ~1/2 周，以使切屑断落，如图 4-26 中第 2 周虚线即为反转。攻钢件螺纹时应加机油润滑，攻铸铁件螺纹时可加煤油润滑。攻通孔螺纹时，只用头锥攻穿即可。

(3) 用二锥攻螺纹

先将丝锥放入孔内,用手旋入几周后,再用铰杠转动。旋转铰杠时无须加压。攻盲孔螺纹时,需依次使用头锥、二锥才能攻到所需要的深度。

3. 取断丝锥的方法

在攻螺纹时,若操作不当会造成丝锥断在孔内的情况,若盲目敲打强取将会损坏螺孔,甚至将工件报废。此时,应先清除螺孔内切屑及丝锥碎屑,加入适当的润滑油,再根据折断情况采取以下几种不同的方法将断丝锥取出。

1) 当丝锥折断部分露出孔外时,可直接用钳子拧出。

2) 用样冲或尖錾抵在丝锥容屑槽内,轻轻地正反方向反复敲打,使之松动后用工具旋取,如图 4-28(a)所示。

3) 在带方榫的一段断丝锥上旋上两只螺母,用钢丝插入断丝锥和螺母间的空槽中,用铰杠顺着退转方向扳动方榫,旋出断丝锥,如图 4-28(b)所示。

4) 堆焊弯杆或螺母取断丝锥,如图 4-28(c)所示。

5) 用乙炔火焰或喷灯将丝锥退火后用钻头钻掉。

6) 丝锥断在不锈钢中可以用硝酸腐蚀。

7) 在形状复杂的工件中丝锥折断时,可用电火花将断丝锥熔蚀掉。

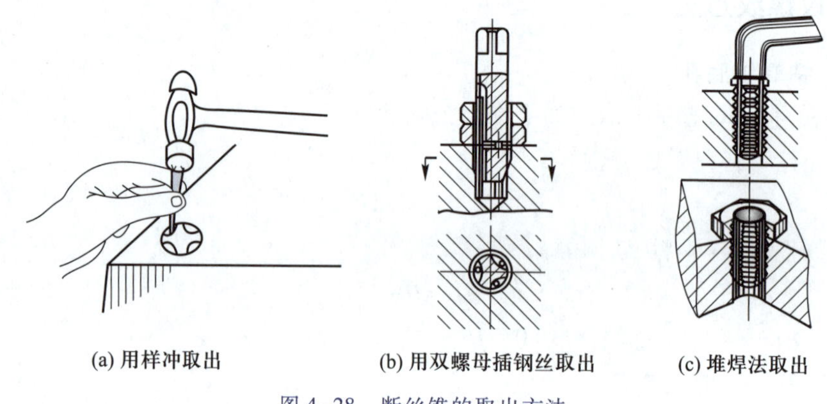

(a) 用样冲取出　(b) 用双螺母插钢丝取出　(c) 堆焊法取出

图 4-28　断丝锥的取出方法

4.7 套螺纹

用圆板牙在圆柱体的外表面加工出外螺纹的操作方法称为套螺纹,如图 4-29 所示。

1. 圆板牙和板牙架

图 4-30(a)所示为常用的固定式圆板牙。圆板牙螺孔的两端各有 40°的锥度部

分，是板牙的切削部分。套螺纹用的板牙架如图 4-30(b)所示。

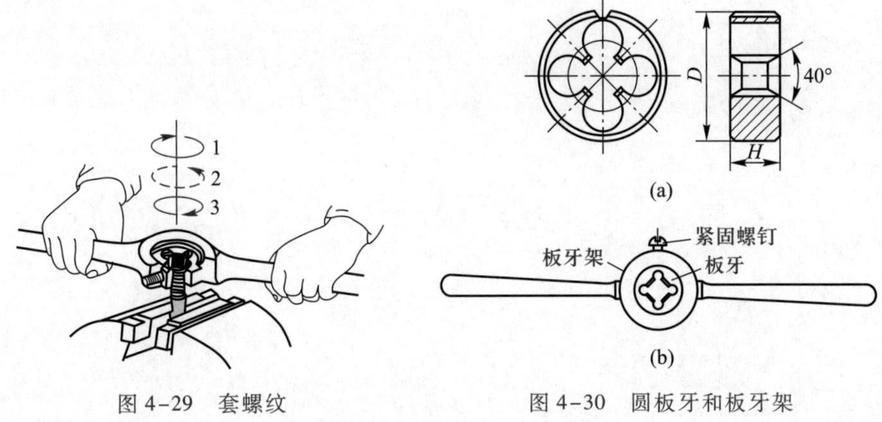

图 4-29 套螺纹

图 4-30 圆板牙和板牙架

2. 套螺纹方法

套螺纹前应检查圆杆直径，尺寸太大，难以套入；尺寸太小，套出的螺纹牙齿不完整。圆杆直径可用经验公式计算：

$$d_0 = d - 0.13P$$

式中，d_0——圆杆直径；

d——螺纹大径；

P——螺距。

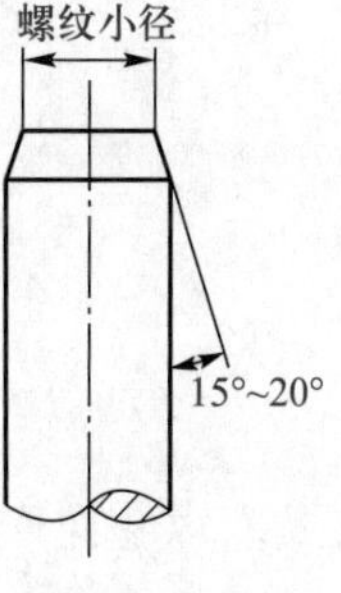

图 4-31 套螺纹圆杆的倒角

套螺纹的圆杆必须先做出合适的倒角，要求如图 4-31 所示。套螺纹时圆板牙端面应与圆杆严格保持垂直。开始转动板牙架时，要稍加压力，套入几周后，即可只转动，不加压。要时常反转，以便断屑，如图 4-29 中第 2 周虚线即为反转。套螺纹时应加机油润滑。

4.8 思考与练习

1. 常用的扩孔方法有哪些？
2. 铰孔的铰刀为什么不能反转？
3. 铰孔是应注意哪些问题？
4. 攻螺纹时，为什么铰杠要每扳转 1 ~ 2 周反转 1/4 ~ 1/2 周？
5. 为什么攻螺纹之前的底孔直径应稍大于螺纹小径？

任务五

金属材料基本常识及热处理

5.1 金属材料的性能

1. 物理性能

1）密度　物体的质量与其体积的比值。密度的计算公式为

$$\rho=\frac{m}{V}$$

式中，ρ——密度，g/cm^3；

m——质量，g；

V——体积，cm^3。

2）熔点　物体在加热过程中，由固体开始熔化为液体时的温度，℃。

3）导电性　材料传导电流的能力。纯银导电性最好，铜、铝次之。

4）导热性　材料传导热量的能力。纯金导热性最好，合金稍差。

5）热膨胀性　材料体积随温度升高而增大的性质。

2. 力学性能

1）弹性　材料在外力作用下发生形变，外力取消后能恢复原状的性能。

2）塑性　材料在外力作用下产生永久变形而不破坏其完整性的能力。常用的塑性指标有伸长率 A 和断面收缩率 Z。

3）强度　材料在外力作用下，抵抗变形和破坏的能力。按照外力作用的方式不同，强度可分为抗拉强度、抗压强度、抗弯强度和抗剪强度等。工程上常用来表示金属材料强度的指标有屈服强度和抗拉强度。

4）硬度　材料抵抗塑性变形，特别是压痕或划痕形成的塑性变形的能力。其大小可用硬度计测定。常用的硬度指标有布氏硬度、洛氏硬度和维氏硬度等。

5）韧性　材料在塑性变形和断裂过程中吸收变形能量的能力。

3. 切削性能

切削性能是指材料可被切削加工以获得合格品的可能性或难易程度。

1）工件材料的硬度（含高温硬度）越高，所需切削力就越大，导致切削温度也越高，因此，刀具的磨损越快，切削性能就越差。同理，工件材料的强度越高，切削性能也越差。

2）工件材料的强度相同时，塑性和韧性越大，切削性能越差。但如果工件材料的塑性过小，切削性能也不好。

3）工件材料的导热系数越大，导热性越好，反之越差。在产生热量相等的条件下，导热系数越大，其切削性能就越好；相反，导热系数越小，刀具易磨损，切削性能就越差。

5.2 金属材料的选择

1. 碳素钢

碳素钢按其用途可分为碳素结构钢、碳素工具钢和特殊性能钢（易切削结构钢等）三类。

1）碳素结构钢　主要用于制造受力不大（如螺钉、螺母、垫圈）或承受中等载荷（如小轴、连杆、销、农机零件等）的零件。

2）碳素工具钢　主要用于制造承受振动且有一定韧性、硬度要求的工具（如样冲、錾子、锤子等），或不受振动且需要高硬度和耐磨性的工具（如锉刀、锯条、刮刀等）。

2. 合金钢

合金钢按其用途可分为合金结构钢、合金工具钢和特殊性能钢三类。

1）合金结构钢　主要用于制造各种工程结构和机械零件（如连杆、齿轮、轴等）。

2）合金工具钢　主要用于制造各种高精度的工具（如丝锥、钻头、铰刀、千分尺、游标卡尺等）。

3）特殊性能钢　主要用作有特殊工作环境要求的零件用钢（如不锈钢等）。

3. 铸铁

根据碳在铸铁中存在形态的不同，铸铁可分为白口铸铁、灰口铸铁（灰铸铁、球墨铸铁和可锻铸铁）等。

1）白口铸铁　主要用于炼钢或用作可锻铸铁的原料。

2）灰铸铁　主要用于制造承受低、中、高载荷的零件（如手轮、工作台、活塞、床身等）。

3）球墨铸铁　主要用于制造机床零件、轴瓦、柴油机曲轴、拖拉机减速齿轮等。

4）可锻铸铁　主要用于制造汽车的后桥、外壳、活塞环等。

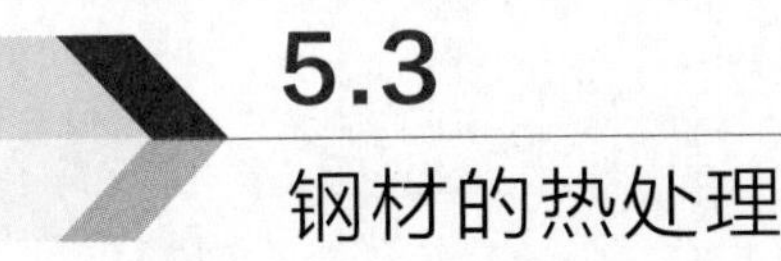

5.3 钢材的热处理

1. 概述

钢材的热处理是将钢在固体状态下，通过加热、保温和不同的冷却方式来改变其内部组织结构，从而获得所需性能的一种工艺方法。

2. 热处理的种类

(1) 退火

将钢加热到一定温度并在此温度下进行保温，然后缓慢地冷却到自然温度的热处理工艺称为退火。退火的目的是降低钢的硬度，消除钢中的不均匀组织和内应力，改善切削性能。

(2) 正火

将钢加热到一定温度，保温一段时间，然后在空气中冷却的热处理工艺称为正火。正火与退火的目的基本相同，但正火的冷却速度要求比退火快，得到材料的组织结构更细，强度和硬度更高。

(3) 淬火

将钢加热到一定温度，保温一段时间，然后快速在水(或油)中冷却的热处理工艺称为淬火。淬火的目的是提高钢的强度、硬度和耐磨性。

(4) 回火

将淬火后的钢重新加热到一定温度，并保温一段时间，然后以一定的方式冷却至室温的热处理工艺称为回火。回火的目的是减少和消除淬火时产生的内应力，防止工件变形和开裂，调整钢的强度和硬度，使工件在使用过程中不发生组织结构的变化。

3. 表面热处理

(1) 表面淬火

钢的表面淬火是通过快速加热，将钢表面层迅速加热到淬火温度，然后快速冷却下来的热处理工艺。表面淬火主要适用于中碳钢和中、低合金钢。

(2) 化学热处理

钢的化学热处理是将钢置于某种化学介质中加热、保温，使一种或几种元素渗入钢表面，改变其化学成分，达到改变表面组织和性能的热处理工艺。目前工业生产上最常用的是渗碳、渗氮(氮化)、碳氮共渗(氰化)三种热处理工艺。

5.4 思考与练习

1. 弹性变形与塑性变形的区别是什么？
2. 常用的硬度指标有哪几种？
3. 钢材为什么要进行热处理？
4. 钢材淬火之后为什么要进行回火处理？

任务六

公差与配合

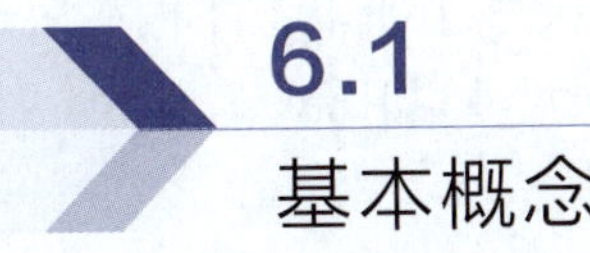

6.1 基本概念

1. 有关尺寸的术语及定义

尺寸是指用特定长度或角度单位表示的数值。

长度值包括直径、半径、宽度、深度、高度和中心距等。在机械制图中，图样上的尺寸通常以 mm 为单位，在标注尺寸时常将单位省略，仅标注数值。当以其他单位表示尺寸时，则应注明相应的长度单位。

(1) 公称尺寸

产品设计时定义的理想尺寸称为公称尺寸（如孔 D、轴 d）。

公称尺寸除满足功能要求外，一般应按照标准尺寸系列选取。

(2) 实际尺寸

实际尺寸即通过测量所得的尺寸，并非尺寸真值。由于测量过程中不可避免地存在测量误差，同一零件尺寸的不同部位用同一量具重复测量多次，其每次测量的实际尺寸也不完全相同；同一零件尺寸的相同部位用同一量具重复测量多次，由于测量误差的随机性，其测得的实际尺寸也不一定完全相同。另外，由于零件几何误差的影响，同一纵截面内，不同部位的实际尺寸也不一定相同；同一横截面内，不同方向上的实际尺寸也可能不同，如图 6-1 所示。

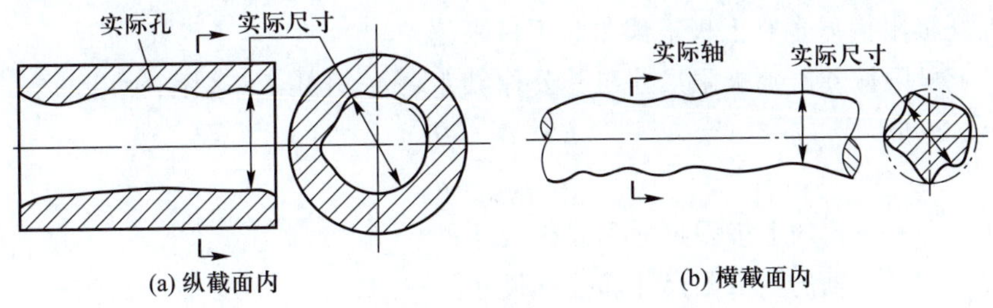

图 6-1　实际尺寸

(3) 极限尺寸

允许尺寸变化的两个界限值称为极限尺寸。其中，较大的称为上极限尺寸，较小的称为下极限尺寸。

极限尺寸是根据设计要求而确定的，其目的是为了限制加工零件的实际尺寸变动范围。若完成的工件任意位置的实际尺寸都在此范围内，即上极限尺寸≥实际尺寸≥下极限尺寸则零件合格，否则不合格。

（4）实体状态和实体尺寸

实体状态分为最大实体状态和最小实体状态；实体尺寸分为最大实体尺寸和最小实体尺寸。

最大实体状态指孔或轴具有允许的材料量为最多时的状态，在此状态下的极限尺寸为最大实体尺寸。对于孔为下极限尺寸，对于轴为上极限尺寸，如图 6-2 所示。

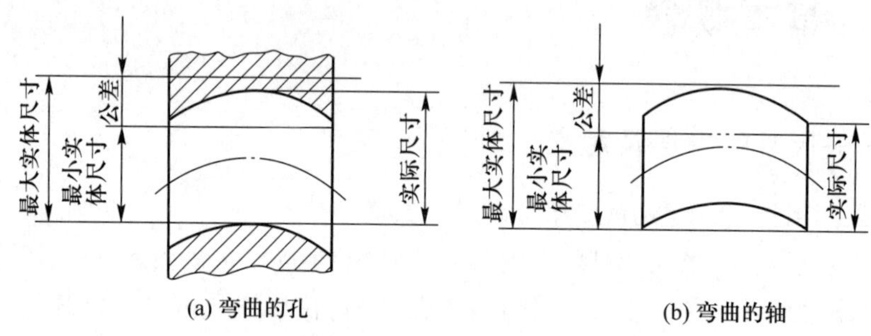

图 6-2　实体尺寸

最小实体状态指孔或轴具有允许的材料量为最少时的状态，在此状态下的极限尺寸为最小实体尺寸。对于孔为上极限尺寸，对于轴为下极限尺寸。

2. 有关偏差和公差的术语及定义

（1）尺寸偏差

实际尺寸与其公称尺寸之差称为尺寸偏差。由于实际尺寸可能大于、小于或等于公称尺寸，因此尺寸偏差可能为正、负值或零。在书写或计算时尺寸偏差须带上正、负号。

（2）极限偏差

极限尺寸与其公称尺寸之差为极限偏差。由于极限尺寸有上极限尺寸和下极限尺寸，因此极限偏差也有上极限偏差和下极限偏差。

1）上极限偏差　上极限尺寸与其公称尺寸之差，孔用 ES 表示，轴用 es 表示。

$$ES = D_{max} - D$$

$$es = d_{max} - d$$

式中，D_{max}、D——孔的上极限尺寸和公称尺寸；

d_{max}、d——轴的上极限尺寸和公称尺寸。

2）下极限偏差　下极限尺寸与其公称尺寸之差，孔用 EI 表示，轴用 ei 表示。

$$EI = D_{min} - D$$

$$ei = d_{min} - d$$

式中，D_{min}——孔的下极限尺寸；

d_{min}——轴的下极限尺寸。

(3) 尺寸公差

尺寸公差是指允许的尺寸变动量,简称公差。公差等于上极限尺寸与下极限尺寸之差的绝对值,也等于上极限偏差与下极限偏差之差的绝对值。

公差和极限偏差是两个不同的概念。公差的大小决定工件尺寸允许变动量的大小,若公差值大,则允许尺寸变动范围大,加工精度要求低;相反,若公差值小,则允许尺寸变动范围小,加工精度要求高。极限偏差决定了极限尺寸相对公称尺寸的位置,如图 6-3 所示。

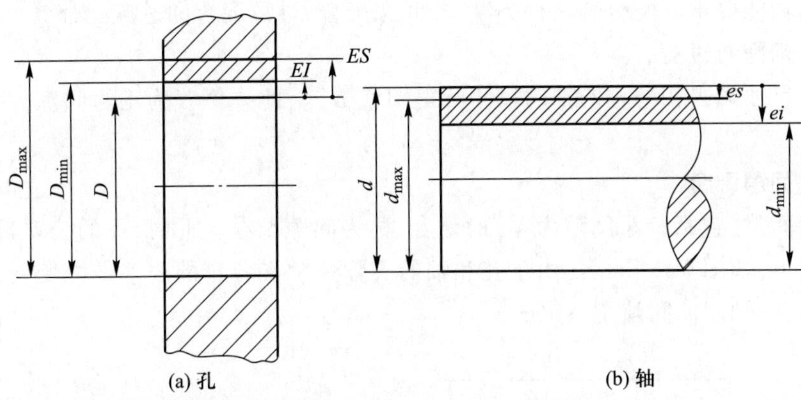

图 6-3　公称尺寸、极限尺寸与极限偏差

(4) 公差带

零件的实际尺寸相对公称尺寸所允许变动的范围,称为公差带。用图表示的公差带称为公差带图,如图 6-4 所示。

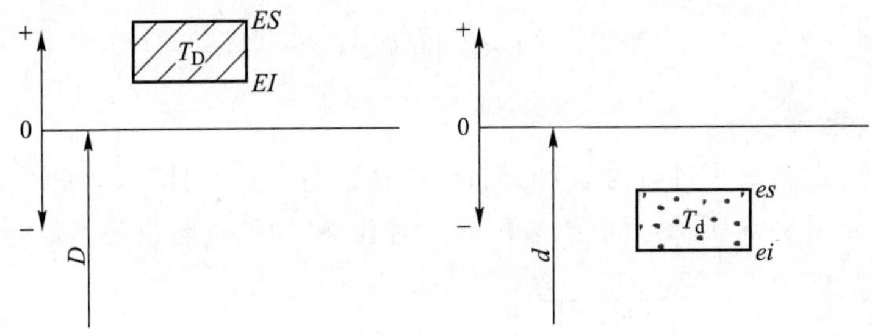

图 6-4　公差带图

公差带由公差大小和相对于公称尺寸的位置确定,公差带图中极限偏差位于公称尺寸线上方时,表示为正值;位于公称尺寸线下方时,表示为负值;当与公称尺寸线重合时,表示为零。

上、下极限偏差之间的宽度表示公差带的大小,即公差值,此值由标准公差确定。

(5) 标准公差

标准公差为线性尺寸公差 ISO 代号体系中的任一公差。国家标准将标准公差分为 20 个等级,即 IT01、IT0、IT1 至 IT18。其中,IT 表示标准公差,后面的数字是公差等级代号。IT01 为最高级(即精度最高,公差值最小),IT18 为最低级(即精度最低,公差值最大)。

（6）基本偏差

基本偏差是确定公差带相对公称尺寸位置的那个极限偏差。国家标准规定孔和轴每一公称尺寸段有 28 个基本偏差，并分别用大、小写拉丁字母作为孔和轴的基本偏差代号。

3. 有关配合的术语及定义

配合是指公称尺寸相同、相互结合的孔和轴公差带之间的关系，用以表达结合松紧程度的功能要求。配合有三种类型，即间隙配合、过盈配合和过渡配合。

（1）间隙与过盈

孔的尺寸减去相配合的轴的尺寸所得的代数差，此差值若为正为间隙，为负则为过盈。

（2）间隙配合

具有间隙（包括最小间隙为零）的配合，称为间隙配合。此时，孔的公差带在轴的公差带之上，如图 6-5 所示。由于孔和轴的实际尺寸在各自的公差带内变动，因此装配后每对孔、轴间的间隙是不定的。

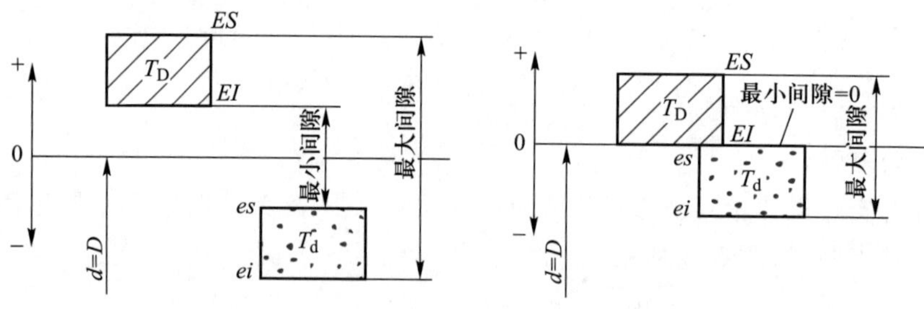

图 6-5　间隙配合

（3）过盈配合

具有过盈（包括最小过盈为零）的配合，称为过盈配合。此时，孔的公差带在轴的公差带之下，如图 6-6 所示。同样，装配后每对孔、轴间的过盈也是不定的。

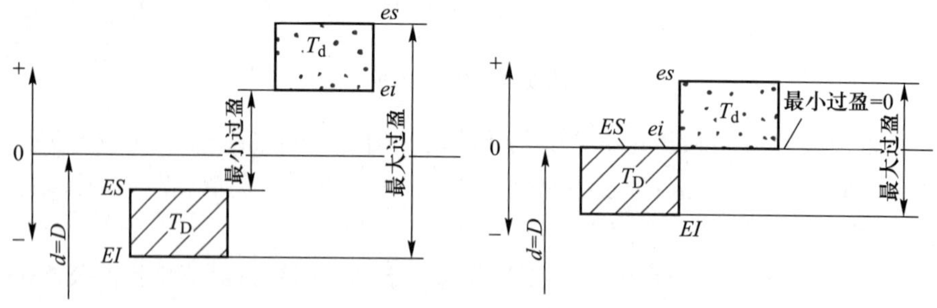

图 6-6　过盈配合

（4）过渡配合

可能具有间隙或过盈的配合，称为过渡配合。此时，孔的公差带与轴的公差带相互交叠，如图 6-7 所示。过渡配合中，每对孔、轴间的间隙或过盈也是不定的。

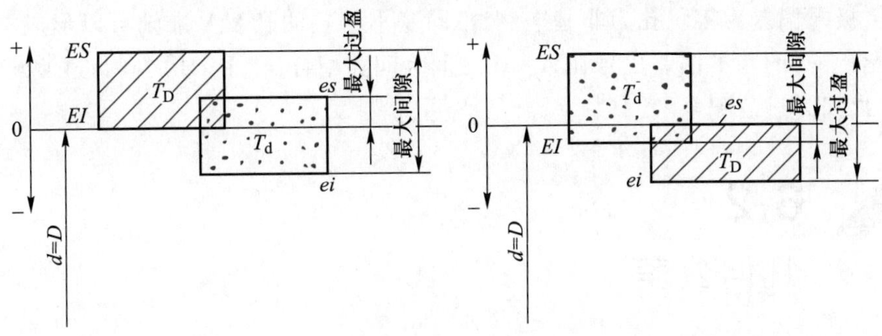

图 6-7 过渡配合

(5) 配合公差

允许间隙或过盈的变动量,称为配合公差,它表示配合松紧程度的变化范围。

(6) 基准制

以两个相配合的零件中的一个零件为基准件,并确定其公差带位置,而改变另一个零件(非基准件)的公差带位置,从而形成各种配合的一种制度,称为基准制。

在孔与轴的相互配合之中,变更孔、轴公差带的相对位置,可以组成不同性质、不同松紧的配合。为简化起见,无须将孔、轴公差带同时变动,只需以一个为基准件,改变另一个,就可满足不同使用性能的配合要求,且获得良好的经济效益。因此,国家标准对孔与轴公差带之间的相互位置关系,制定了两种基准制,即基孔制与基轴制。

(7) 基孔制配合

基孔制是指基本偏差为一定的孔的公差带,与不同基本偏差的轴的公差带形成各种配合的一种制度,如图 6-8(a)所示。基孔制中的孔称为基准孔,其基本偏差代号为 H,下极限偏差为零。轴为非基准件,不同基本偏差的轴和基准孔可以形成不同种类的配合。轴的基本偏差代号在 a ~ h 之间为间隙配合;在 j ~ h 之间为过渡配合;在 p ~ zc 之间为过盈配合。

(8) 基轴制配合

基轴制是指基本偏差为一定的轴的公差带,与不同基本偏差的孔的公差带形成各种配合的一种制度,如图 6-8(b)所示。基轴制中的轴称为基准轴,其基本偏差代号

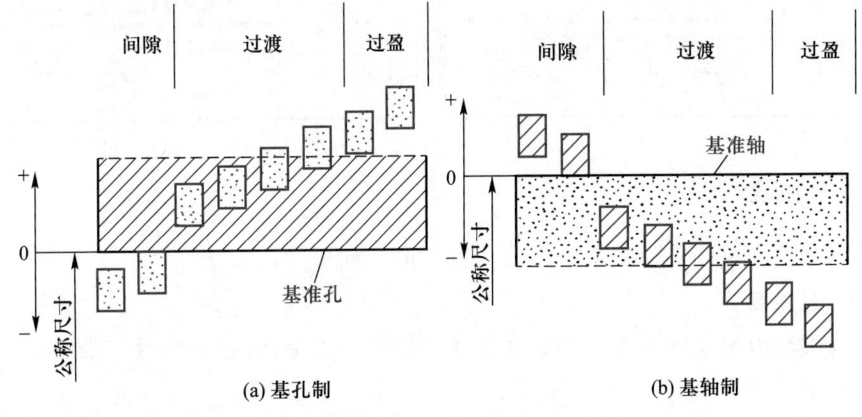

图 6-8 基准制配合

为 H，上极限偏差为零。孔为非基准件，不同基本偏差的孔和基准轴可以形成不同种类的配合。孔的基本偏差代号在 A～H 之间为间隙配合；在 J～H 之间为过渡配合；在 P～ZC 之间为过盈配合。

6.2 几何公差

1. 基本概念

一般零件除要满足公差外，还会对零件某些要素的几何误差加以限制，给出一个经济、合理的误差允许变动范围，这就是几何公差。几何公差包括形状公差、方向公差、位置公差和跳动公差。几何公差的几何特征符号见表 6-1。下面对部分几何公差要求进行举例讲解。

表 6-1　几何公差的几何特征符号

分类	几何特征	符号
形状公差	直线度	—
	平面度	▱
	圆度	○
	圆柱度	⌭
	线轮廓度	⌒
	面轮廓度	⌓

分类	几何特征	符号
方向公差	平行度	//
	垂直度	⊥
	倾斜度	∠
	线轮廓度	⌒
	面轮廓度	⌓
位置公差	同轴度/同心度	◎
	对称度	⌯
	位置度	⌖
	线轮廓度	⌒
	面轮廓度	⌓
跳动公差	圆跳动	↗
	全跳动	⌰

2. 形状公差

形状公差为单一实际要素的形状所允许的变动全量。

（1）直线度

直线度是限制实际直线对理想直线变动量的一项指标，它是针对直线发生不直而提出的要求。

根据被测直线的空间特性和零件的使用要求，直线度公差带有给定平面内的公差带、给定方向上的公差带和任意方向上的公差带三种。

1）在给定平面内的公差带　距离为公差值 t 的两平行直线之间的区域。如图 6-9 所示，圆柱面的素线有直线度要求，公差值为 0.02 mm，公差带限定的区域为圆柱的轴向平面内间距为 0.02 mm 的两平行直线之间，实际圆柱面上任意一素线都应位于此公差带内。

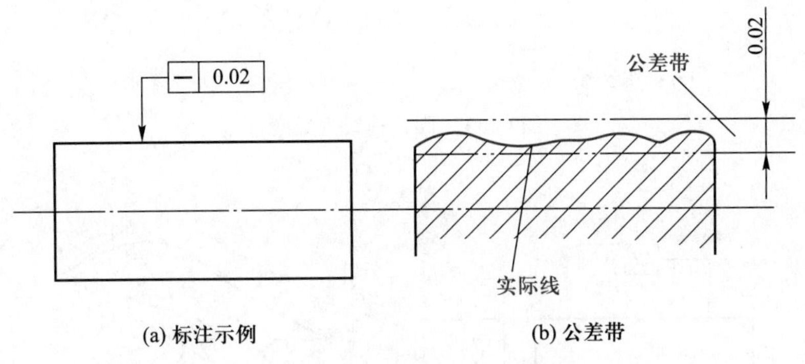

图 6-9　圆柱面素线直线度

2）在给定方向上的公差带　被测表面的给定方向是三个坐标的任意一个方向，公差值是在此方向上给出的，因此其公差带是垂直于此方向的距离为公差值 t 的两平面之间的区域。如图 6-10 所示，两平面相交的棱线只要求在一个方向上的直线度，公差值是 0.02 mm，公差带限定的区域为间距为 0.02 mm 的两平行平面之间，实际棱线应位于此公差带内。

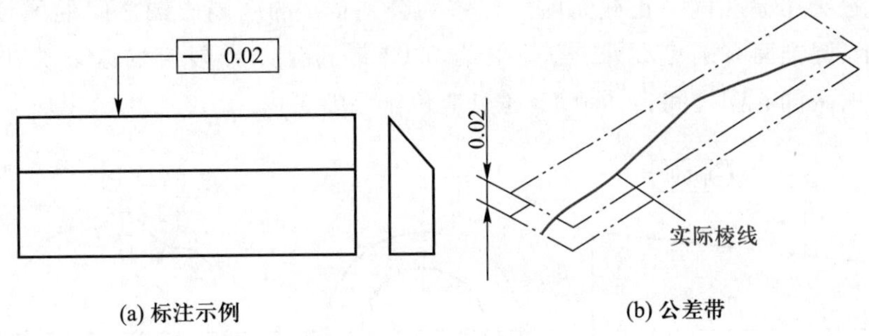

图 6-10　棱线直线度

3）在任意方向上的公差带　直径为公差值 t 的圆柱面内的区域。如图 6-11 所示，ϕd 圆柱面要求轴线直线度，公差值为 ϕ0.04 mm，公差带限定的区域为一个 ϕ0.04 mm 圆柱体，实际圆柱的轴线应位于此公差带内。

（2）平面度

平面度是限制实际平面对其理想平面变动量的一项指标。

平面度公差带是距离为公差值 t 的两平行平面之间的区域。如图 6-12 所示，工件上表面有平面度的要求，公差值 0.1 mm，公差带限定的区域为间隔为 0.1 mm 的两平行平面之间，实际平面应位于此公差带内。

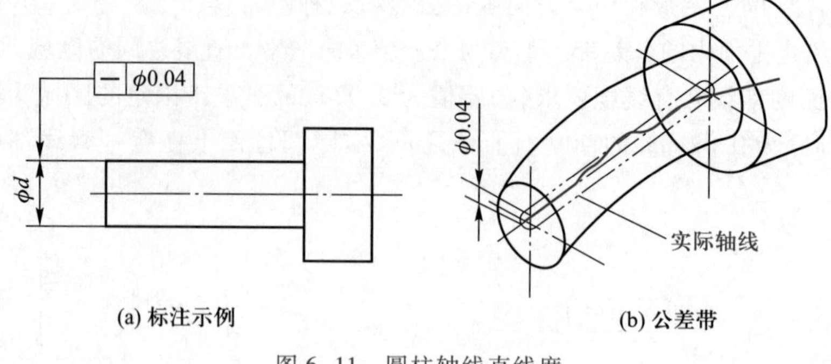

图 6-11　圆柱轴线直线度

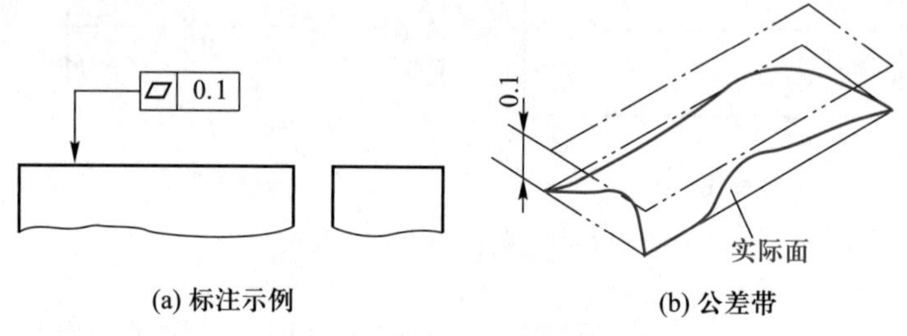

图 6-12　平面度

(3) 圆度

圆度是限制实际圆对理想圆变动量的一项指标,是对具有圆柱面的零件在一正截面内的圆形轮廓的要求。

圆度公差带是在同一正截面内半径差为公差值 t 的两同心圆之间的区域。如图 6-13 所示,圆锥面有圆度要求,公差值为 0.02 mm,公差带限定的区域为半径差为 0.02 mm 的两同心圆之间,实际圆上各点应位于公差带内。

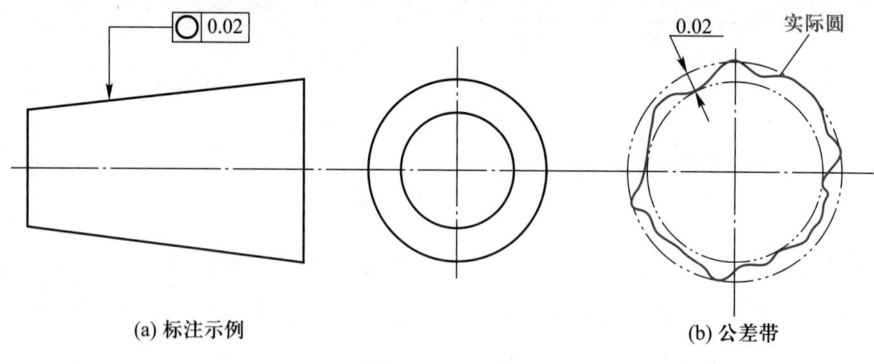

图 6-13　圆度

(4) 圆柱度

圆柱度是限制实际圆柱面对理想圆柱面变动量的一项指标。它控制圆柱体横截面和轴截面内的各项形状误差,如圆度、素线直线度、轴线直线度等。圆柱度是圆柱体各项形状误差的综合指标。

圆柱度公差带是半径差为公差值 t 的两同轴圆柱面之间的区域。如图 6-14 所示，箭头所指的圆柱面有圆柱度要求，公差值是 0.05 mm，公差带限定的区域为半径差为 0.05 mm 的两同轴圆柱面之间所形成的环形空间，实际圆柱面上各点应位于公差带内，可以是任何形态。

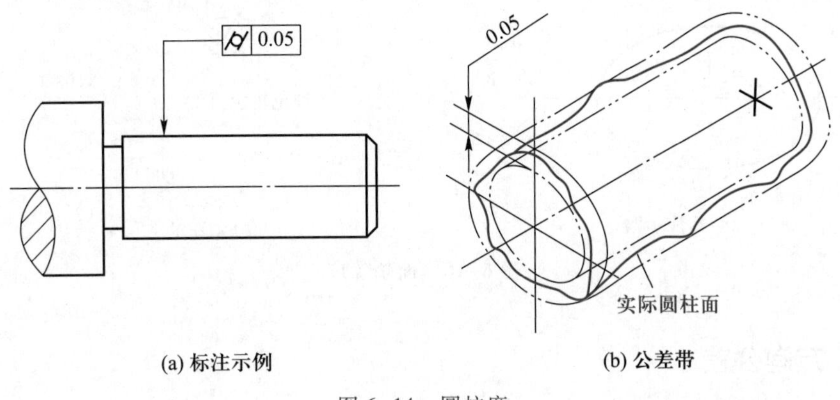

图 6-14 圆柱度

(5) 线轮廓度

线轮廓度是限制实际曲线对理想曲线变动量的一项指标，它是对非圆曲线的形状精度要求。

线轮廓度公差带是圆心位于理想轮廓上，一系列直径为公差值 t 的圆的两包络线之间的区域。在图样上，理想轮廓线、面的理论正确尺寸需用矩形框框出。如图 6-15 所示，曲线有线轮廓度要求，公差值为 0.04 mm，公差带限定的区域为圆心在该理想曲线上，一系列直径为 0.04 mm 的圆的两包络线之间，在平行于正立投影面的任一截面内，实际轮廓线上各点应位于公差带内。

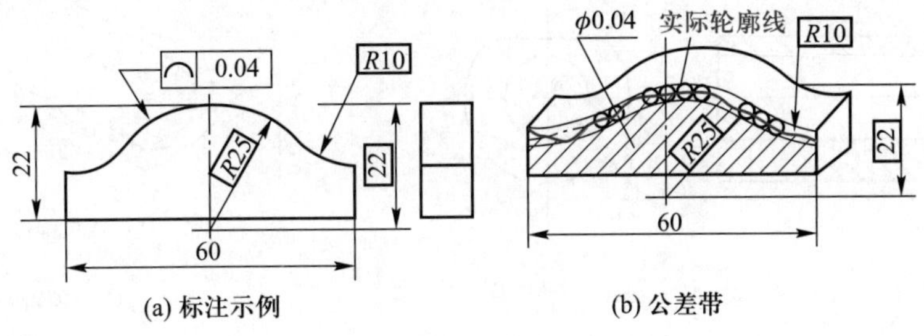

图 6-15 线轮廓度

(6) 面轮廓度

面轮廓度是限制实际曲面对理想曲面变动量的一项指标，它是对曲面的形状精度要求。

面轮廓度公差带是球心位于理想轮廓上，一系列直径为公差值 t 的球的两包络面之间的区域。如图 6-16 所示，曲面有面轮廓度要求，公差值为 0.02 mm，公差带限定的区域为球心在理想轮廓上，一系列直径为 0.02 mm 的球的两包络面之间，实际面上各点应位于公差带内。

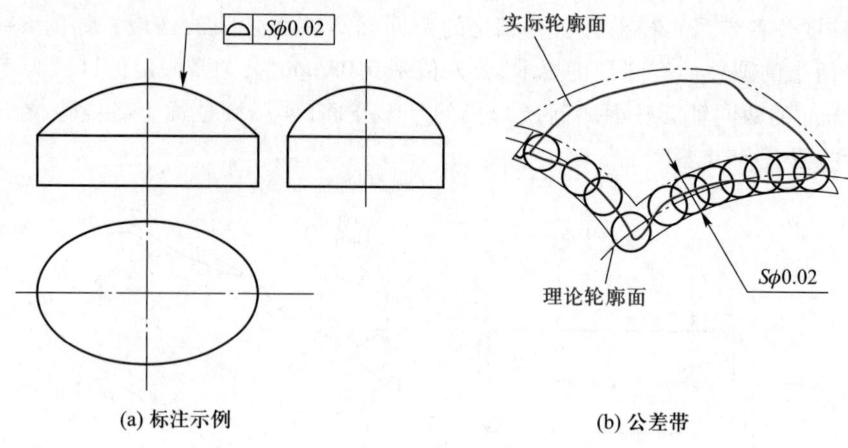

(a) 标注示例　　(b) 公差带

图 6-16　面轮廓度

3. 方向公差

方向公差是实际要素对基准在方向上允许的变动量全量。

(1) 平行度

平行度是限制被测要素(平面或直线)的实际方向,与基准(平面或直线)相平行的理想方向之间所允许的变动量的一项指标。

1) 面对线　如图 6-17 所示,要求上平面对孔的轴线平行。公差带是距离为公差值 0.05 mm,且平行于基准孔轴线 *A* 的两平行平面之间的区域,不受平面与轴线的距离约束,实际面上的各点应位于此公差带内。

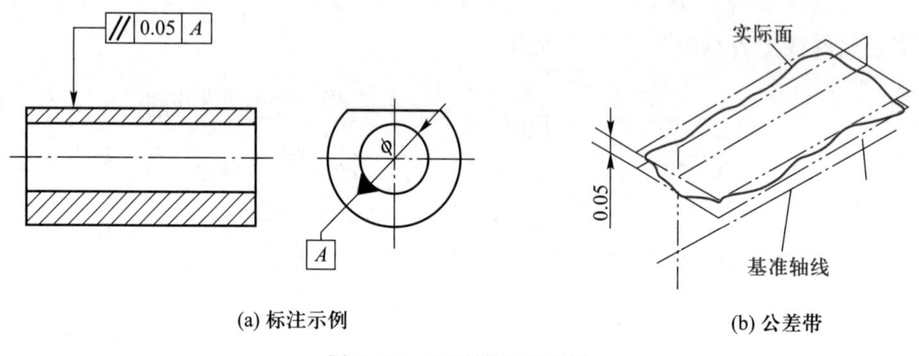

(a) 标注示例　　(b) 公差带

图 6-17　面对线的平行度

2) 线对线　如图 6-18 所示,要求上孔轴线对下孔轴线分别在互相垂直的两个方向上平行。公差带为正截面为公差值 0.1 mm×0.2 mm,且平行于基准轴线 *C* 的四棱柱内的区域,不受两孔的距离约束,实际轴线应位于此公差带内。

如果连杆要求上孔轴线对下孔轴线在任意方向上平行,如图 6-19 所示。这时,公差带为直径为公差值 0.1 mm,且平行于基准轴线 *A* 的圆柱面内的区域,实际轴线应位于此圆柱面内,方向可任意倾斜。

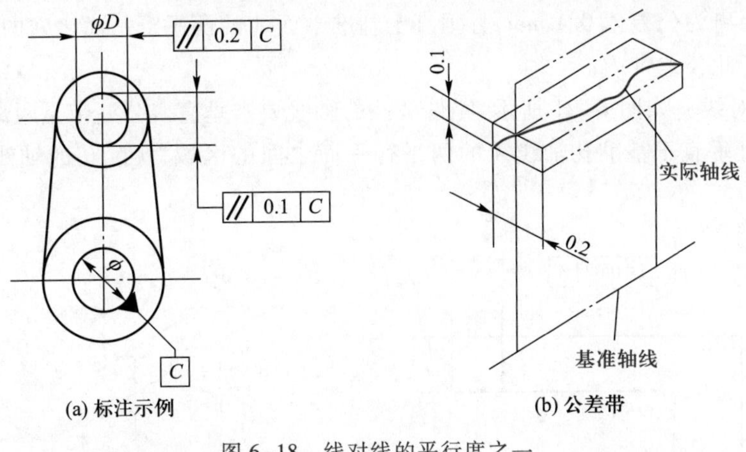

(a) 标注示例 (b) 公差带

图 6-18 线对线的平行度之一

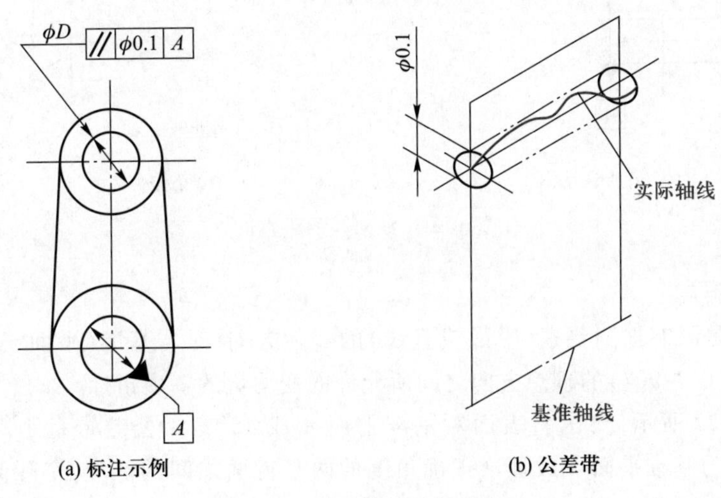

(a) 标注示例 (b) 公差带

图 6-19 线对线的平行度之二

(2) 垂直度

垂直度是限制被测要素(平面或直线)的实际方向,与基准(平面或直线)相垂直的理想方向之间所允许的变动量的一项指标。

1) 线对面 如图 6-20 所示,要求 ϕd 轴线对底平面垂直,这里只给定一个方向。

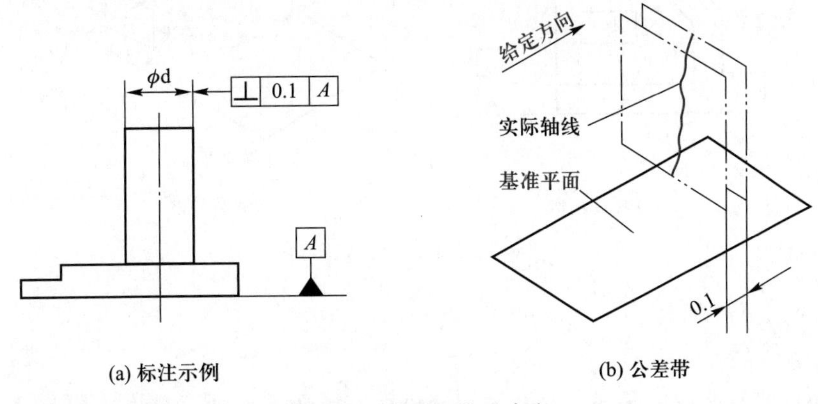

(a) 标注示例 (b) 公差带

图 6-20 线对面的垂直度

公差带是距离为公差值 0.1 mm，且垂直于基准平面 A 的两平行平面之间的区域，实际轴线应位于此公差带内。

2）线对线　如图 6-21 所示，零件两孔的轴线要求垂直。公差带是距离为公差值 0.02 mm，且垂直于基准孔轴线 A 的两平行平面之间的区域，实际孔的轴线应位于此公差带内。

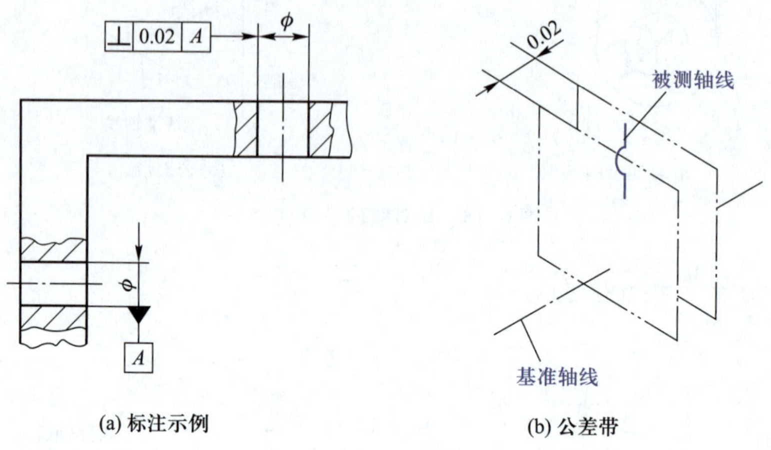

图 6-21　线对线的垂直度

（3）倾斜度

倾斜度是限制被测要素（平面或直线）的实际方向，对与基准（平面或直线）成任意给定角度（0°～90°）的理想方向之间所允许的变动量的一项指标。

如图 6-22 所示，要求斜表面对基准平面 A 成 45°角。公差带是距离为公差值 0.08 mm，且与基准平面 A 成理论正确角度的两平行面之间的区域，实际倾斜面上各点应位于此公差带内。

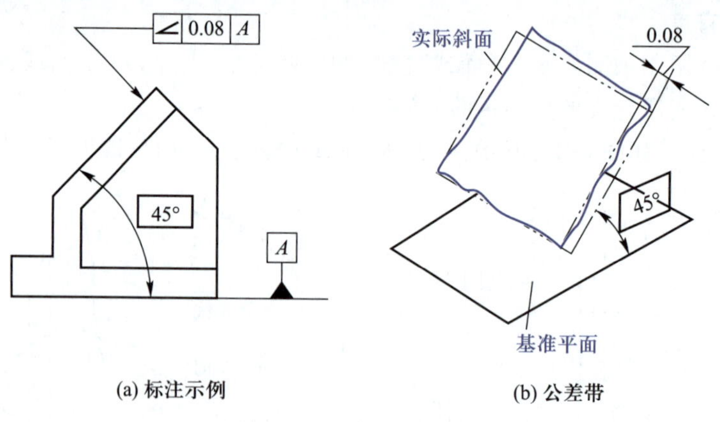

图 6-22　面对面的倾斜度

4. 位置公差

位置公差是关联实际要素的位置对基准所允许的变动量。

(1) 同轴度/同心度

同轴度是限制被测轴线相对于基准轴线所允许的变动量的一项指标。

1) 同轴度　直径为公差值 t,且与基准轴线同轴的圆柱面内的区域。如图 6-23 所示,台阶轴 ϕd 的轴线有同轴度要求,公差带为直径为公差 0.1 mm,且与基准轴线同轴的圆柱面内的区域,ϕd 的实际轴线应位于此公差带内。

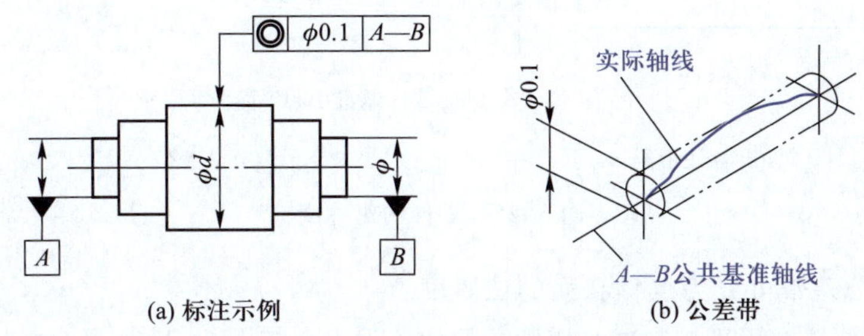

图 6-23　轴的同轴度

2) 同心度　直径为公差值 t,且与基准圆同心的圆内区域。如图 6-24 所示,外圆的圆心必须位于直径为公差值 0.01 mm,且与基准圆 A 同心的圆内。

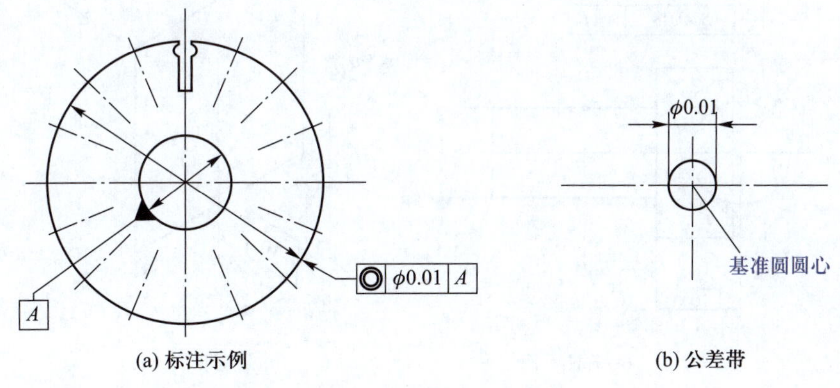

图 6-24　零件的同心度

(2) 对称度

对称度是限制实际要素的对称中心平面(或中心线、轴线)对理想对称平面所允许的变动量的一项指标。

对称度公差带是距离为公差值 t,且相对理想对称平面对称配置的两平行平面之间的区域。若给定相互垂直的两个方向,则是正截面为公差值 $t_1 \times t_2$ 的四棱柱内的区域。

如图 6-25 所示,槽的中心面有对称度要求,公差带为距离为公差值 0.1 mm,且相对基准中心平面对称配置的两平行平面之间的区域,槽的实际中心面应位于此公差带内。

(3) 位置度

位置度公差用来控制被测实际要素相对于其理想位置的变动量。其理想位置由基准和理论正确尺寸确定。理论正确尺寸是不附带公差的精确尺寸,用以表示被测理想要素到基准之间的距离,在图样上用加矩形框的数字表示,以便与未注公差的尺寸相区别。

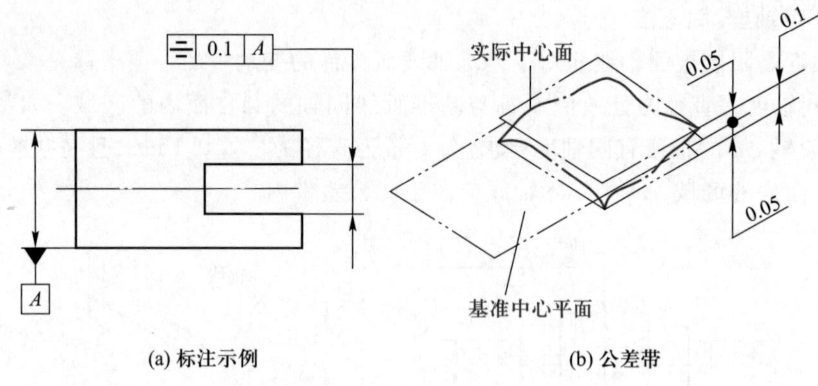

图 6-25　零件的对称度

位置度公差带可分为点、线、面的位置度。

1）点的位置度用于控制球心或圆心的位置误差。如图 6-26 所示，球 ϕd 的球心必须位于直径为公差值 0.08 mm，并以相对基准 *A*、*B* 所确定的理想位置为球心的球内。

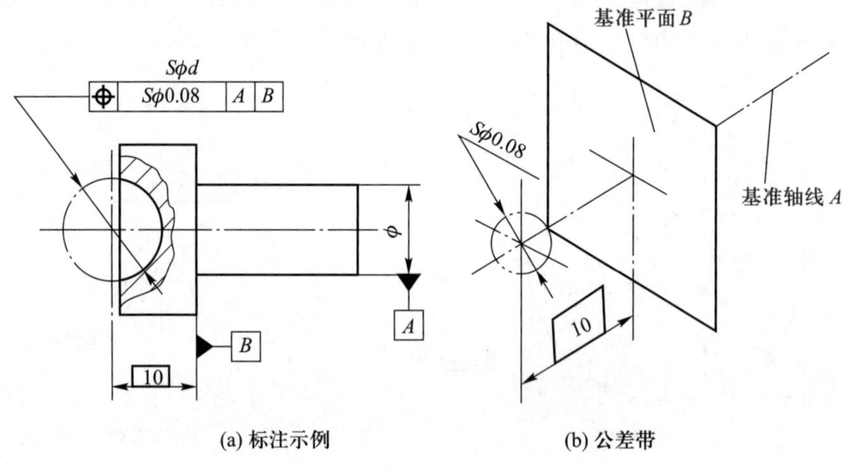

图 6-26　点的位置度

2）线的位置度用于控制板件上孔的位置误差。如图 6-27 所示，ϕD 孔的轴线有位置度要求。公差带为直径为 0.1 mm，且以孔的理想位置为轴线的圆柱面内的区域。

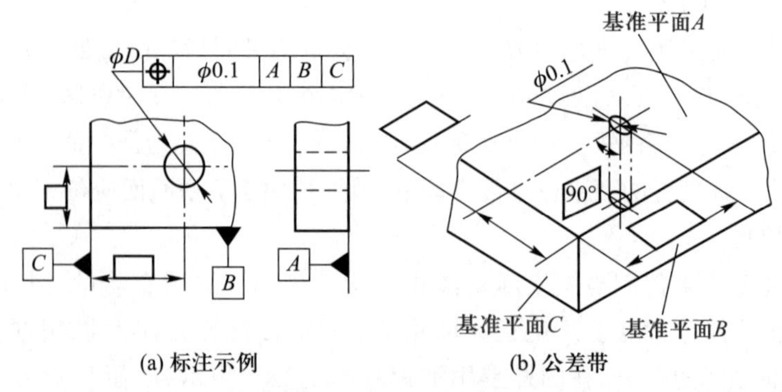

图 6-27　孔的位置度

其孔的理想位置要垂直于基准平面 A，到基准平面 B 和 C 的距离要等于理想正确尺寸。孔的实际轴线应位于此公差带内。

5. 跳动公差

跳动公差是关联实际要素绕基准线回转一周或连续回转时所允许的最大跳动量。

(1) 圆跳动

圆跳动是被测要素绕基准轴线回转一周时，由位置固定的指示器在给定方向上测得的最大与最小读数之差。它是综合误差(圆度、同轴度等)。圆跳动分为径向圆跳动、端面圆跳动和斜向圆跳动。

1) 径向圆跳动　用于控制圆柱表面任一横截面上各点的跳动量。如图 6-28 所示，零件上 ϕd_1 圆柱面对轴线 $A—B$ 有径向圆跳动要求，其公差带是在垂直于基准轴线的任意测量平面内，半径差为 t 的两圆内，当 ϕd_1 圆柱面绕基准轴线作无轴向移动回转时，在任一测量平面内的径向跳动量均不得大于公差值 t。

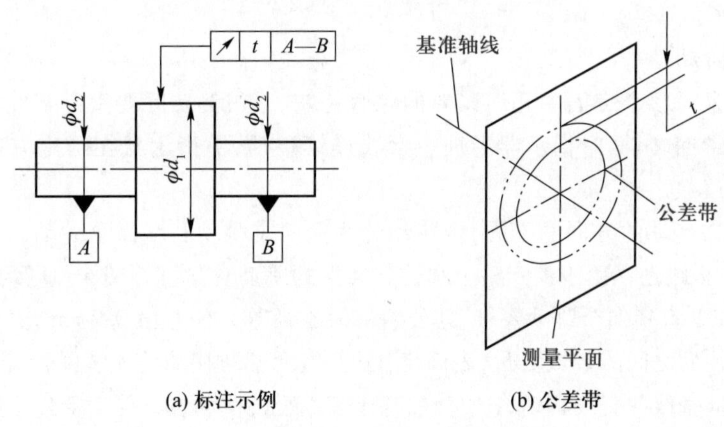

图 6-28　径向跳动

2) 端面圆跳动　用于控制端面任一测量直径处，在轴向方向的跳动量。如图 6-29 所示，零件的右端面对 ϕd 有端面圆跳动要求，其公差带是在与基准轴线同轴的任一直径位置的测量圆柱面上，沿母线方向宽度为 0.05 mm 的圆柱面区域。轴线作无轴向移动回转时，在右端面上任一测量直径处的轴向跳动量均不得大于公差值 0.05 mm。

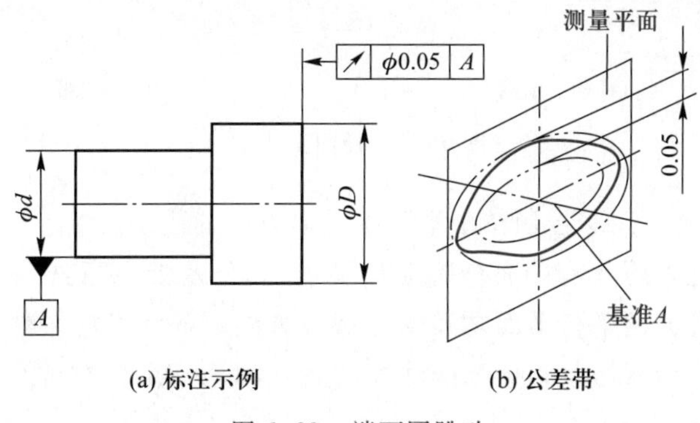

图 6-29　端面圆跳动

3）斜向圆跳动　用于控制圆锥面在法线方向的跳动量。如图 6-30 所示，被测圆锥面相对于基准轴线 A，有斜向圆跳动要求，跳动量不得大于公差值 t。其公差带是在与基准轴线同轴的任一测量圆锥面上，沿母线方向宽度为 t 的圆锥面区域。

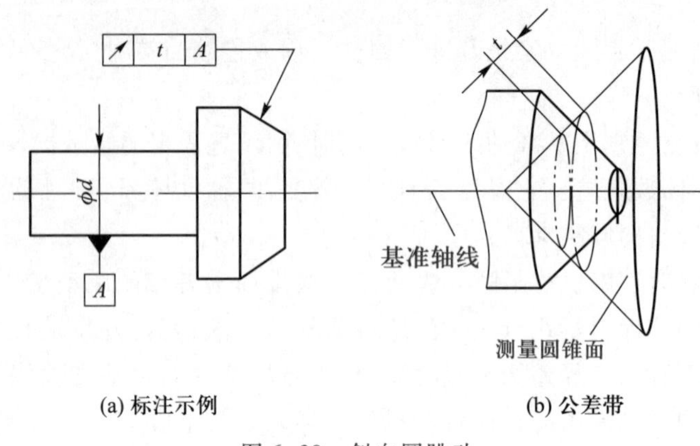

图 6-30　斜向圆跳动

（2）全跳动

全跳动是对整个表面的几何误差的综合控制，是被测实际要素绕基准轴线做无轴向移动的连续回转，同时指示器沿理想素线连续移动，由指示器在给定方向上测得的最大与最小读数之差。

根据允许变动的方向的不同，全跳动分为径向全跳动和端面全跳动。

1）径向全跳动　用于控制整个圆柱表面上的跳动总量。如图 6-31 所示，ϕD 圆柱面对基准 $A—B$ 有径向全跳动要求，其公差带为半径差为公差值 0.2 mm，且与基准轴线同轴的两圆柱面之间的区域。ϕD 表面绕 $A—B$ 做无轴向移动的连续回转，同时，指示器做平行于基准轴线的直线移动，在 ϕD 的整个表面上的跳动量不得大于公差值 0.2 mm。

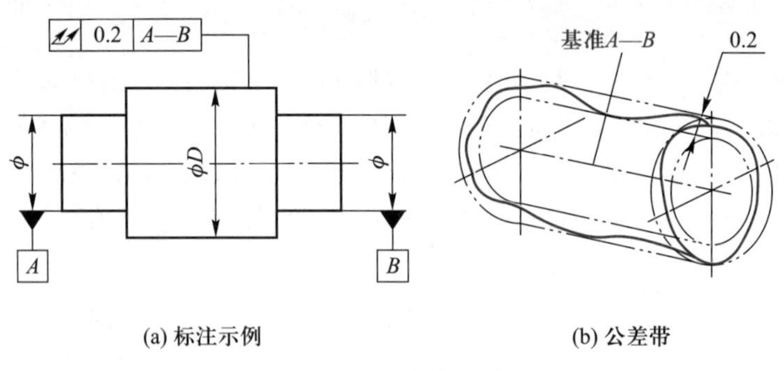

图 6-31　径向全跳动

2）端面全跳动　用于控制整个端面在轴向方向的跳动总量。如图 6-32 所示，零件的右端面对基准轴线 A 有端面全跳动量要求，其公差带为距离为公差值 0.05 mm，且与基准轴线垂直的两平行平面之间的区域。被测端面绕基准轴线做无轴向移动的连续回转，同时，指示器做垂直于基准轴线的直线移动，此时，在整个端面上的跳动量不得大于公差值 0.05 mm。

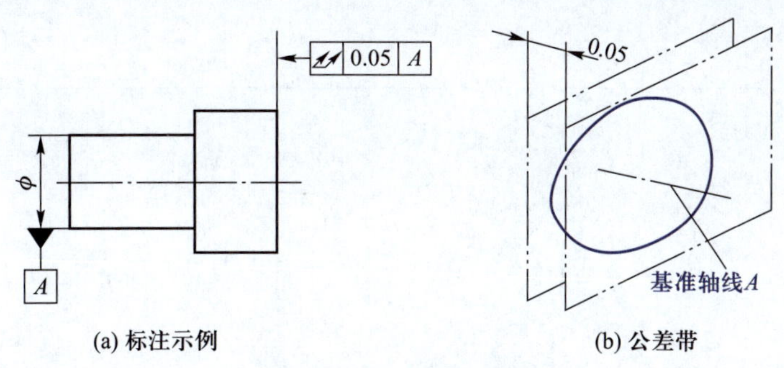

(a) 标注示例　　(b) 公差带

图 6-32　端面全跳动

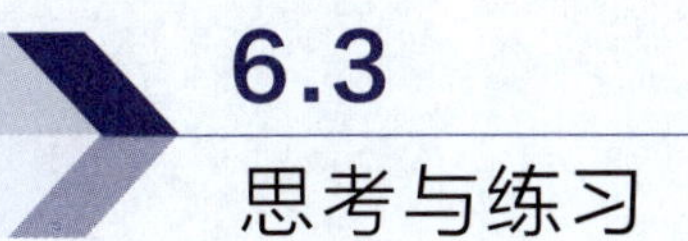

6.3 思考与练习

1. 将表 6-2 补充完整。

表 6-2　几何公差的几何特征符号

分类	几何特征	符号	分类	几何特征	符号
形状公差		⏤	方向公差		∥
					⊥
		▱			∠
					⌒
		○			⌓
			位置公差		◎
		⌭			⌯
					⌖
		⌒			⌒
					⌓
		⌓	跳动公差		↗
					⌰

2. 什么是基孔制配合和基轴制配合？为什么要规定基准制？

3. 已知轴的公称尺寸为 $\phi80$ mm，轴的上极限尺寸为 $\phi79.970$ mm，下极限尺寸为 $\phi79.951$ mm，求轴的极限偏差。

任务七

项目训练

在现代企业生产中完全依靠钳工手工制造工件的情况已经很少见了。现代企业生产产品越来越趋于多品种、中小批量的生产，生产手段越来越多地采用数控机床（CNC）、加工中心（MC）、柔性制造系统（FMS）及计算机综合自动化制造系统（CIMS）等。这些设备的运用，提高了产品的加工精度，缩短了制造周期，降低了工人的劳动强度。但是在设备维修、装配、调试和模具制造等行业中，还存在有大量需要运用钳工来完成的工作，而且要求工人具有高超的钳工技能。高超的钳工技能是需要通过勤学苦练得到的，然而钳工技能训练是枯燥乏味的，为了提高训练热情，我们可以从制作小饰品和小工具开始，制作如高跟鞋，开瓶器等物品，来训练钳工的基本操作。

当具备了一定的钳工操作基础后，再训练控制零件的尺寸精度、几何公差和配合件的相互配合公差的能力，制作如鸭嘴锤，钥匙扣等零件，来提高钳工操作技能。

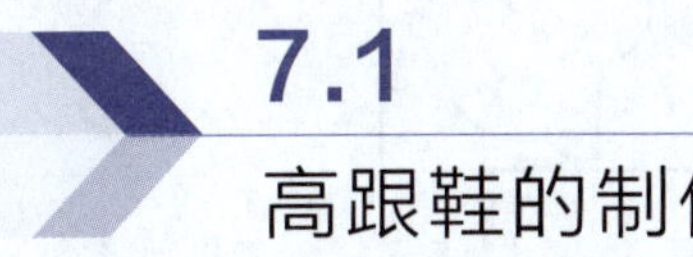

7.1 高跟鞋的制作

制作如图 7-1 所示的高跟鞋，准备毛坯尺寸：36 mm×36 mm×4 mm，材料：黄铜。

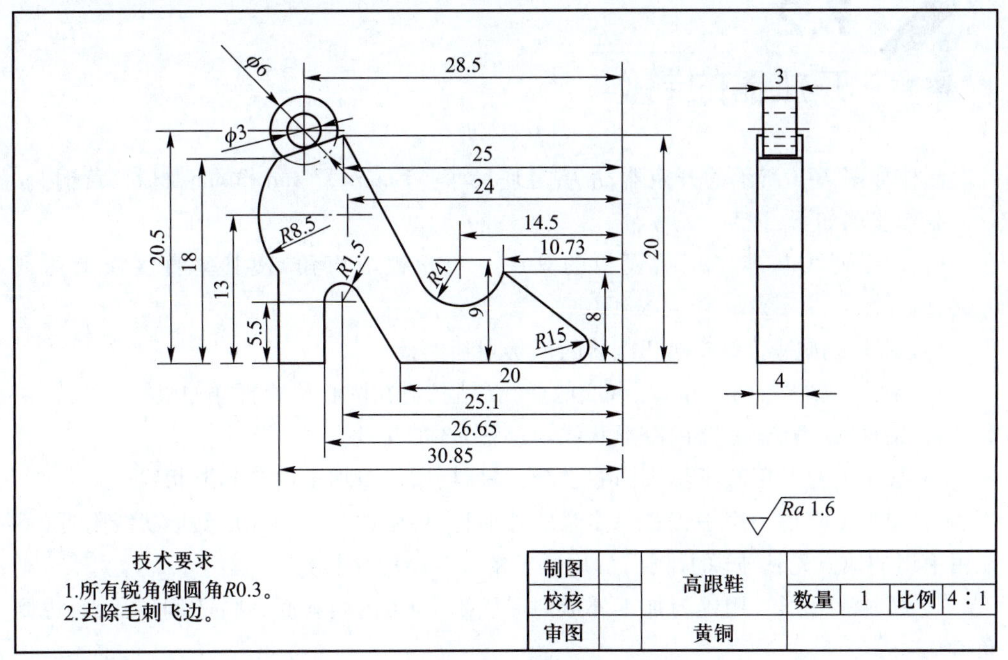

图 7-1　高跟鞋

制作步骤如下：

1）加工划线基准　把黄铜板的其中一个角锉成直角，使其垂直度误差达到 0.06 mm。

2）划线　按图纸要求把高跟鞋的形状划到铜板上。

3）钻孔　钻 1 个 $\phi8$ 和 2 个 $\phi3$ 的通孔（钻孔前在圆心位置打样冲眼）。

4）粗加工　用手锯锯除多余的材料。

5）半精加工　用粗齿锉刀加工到形状线附近。

6）精加工　用细齿锉刀加工到形状线，锐角倒圆角 $R0.3$。

根据训练情况，图 7-2 所示小饰品可供初始训练选用。

图 7-2　小饰品

7.2 开瓶器的制作

制作如图 7-3 所示的开瓶器，准备毛坯尺寸：55 mm×37 mm×3 mm，材料：黄铜。

制作步骤如下：

1）加工划线基准　把黄铜板的其中一个角锉成直角，使其垂直度误差达到 0.06 mm。

2）划线　按图纸要求把开瓶器的形状划到铜板上。

3）钻孔　钻 2 个 $\phi6$ 和 2 个 $\phi5$ 的通孔（钻孔前在圆心位置打样冲眼）。

4）钻排孔　在开瓶器内腔形状线附近钻 $\phi3$ 的排孔。

5）加工内腔　用錾子錾去内腔多余的材料，用锉刀加工内腔到形状线。

6）粗加工外形　用手锯锯除多余的外形材料，用锉刀加工外形到形状线附近（不能用手锯的地方先钻 $\phi3$ 的排孔，后用錾子錾去多余的材料）。

7）精加工外形　用锉刀加工外形到形状线，加工内腔斜面，钻 $\phi3$ 调环孔，锐边倒角 $C0.3$。

现代钳工不但要有高超的技能还要有很强的设计能力，因此在训练操作技能的同时也可以训练设计能力。例如限定开瓶器的内腔尺寸，让训练者自己设计喜欢的外形形状，如图 7-4 所示。

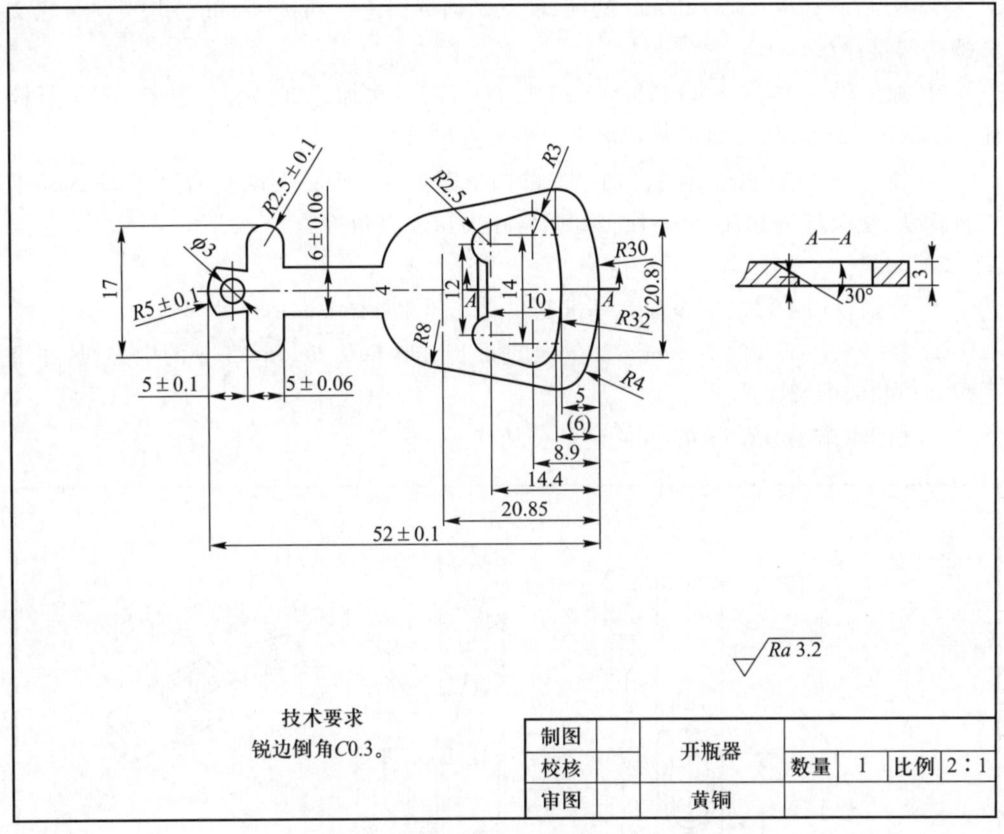

图 7-3　开瓶器

图 7-4　创意开瓶器

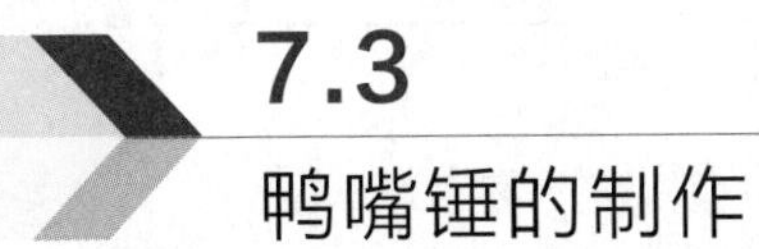

7.3 鸭嘴锤的制作

通过鸭嘴锤的制作，训练学生控制尺寸精度和几何公差的能力。制作如图 7-5 所示的鸭嘴锤，准备毛坯尺寸：125 mm×24 mm×24 mm，材料：Q235 或 45 钢。

制作步骤如下：

1）加工三个相互垂直的面作为划线的基准面（用平面锉削的方法完成）。

① 加工一个 24 mm×120 mm 的面，使其平面度误差达到 0.05 mm（用平行锉法、交叉锉法和推锉法）。

② 加工另一个 24 mm×120 mm 的面，且与第一次加工好的邻面垂直（用平行锉法、交叉锉法和推锉法，加工中需常用刀口形直尺检验）。

③ 加工一个端面，使其与已加工好的两个面垂直。垂直度误差达到 0.05 mm（用平行锉法、交叉锉法和推锉法，加工中需常用刀口形直角检验）。

2）划线：

① 分别以加工好的三个面为基准划出 22 mm 和 116 mm 的尺寸界线。

② 在一个加工好的 24 mm×120 mm 的面上划出 *R*10、*R*6 和 *R*3.5 的中心线，并用划规划出相应的圆弧线。

③ 划出两圆弧 *R*6 与 *R*3.5 之间的公切线。

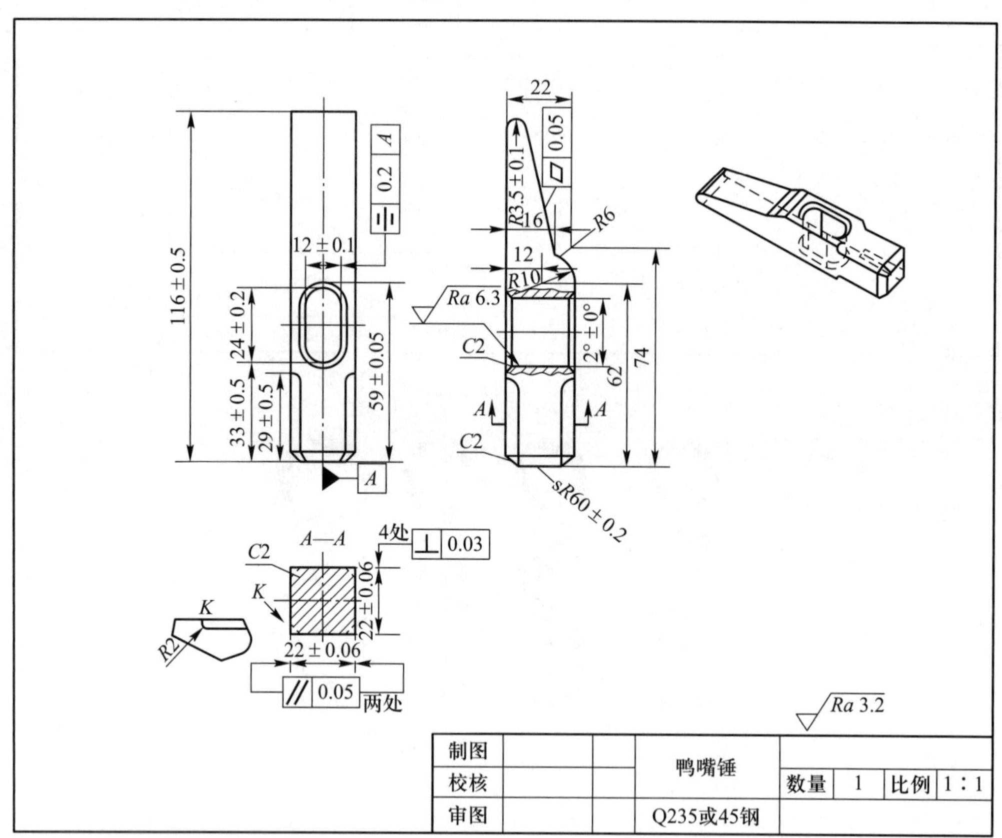

图 7-5　鸭嘴锤

3）锯削多余的材料，锉削平面和圆弧。

① 按所划的尺寸界线锯割多余的材料。

② 锯割完成后用锉削的方法分别加工锯割后的面，使其垂直于加工好的基准平面，垂直度误差为 0.05 mm，尺寸控制在（22±0.06）mm 和（116±0.5）mm。

③ 用曲面加工的方法锉削 R10、R6 和 R3.5 的圆弧，R3.5 和 R10 用外曲面的加工方法，R6 用内曲面的加工方法。

4）再划线：

① 划锤柄安装孔的尺寸界线及安装孔圆弧中心位置线，并在中心位置打样冲眼。

② 划各个面的倒角界线 C2。

5）钻孔、锉削加工倒角面和锤柄安装孔的面。

① 在样冲眼的位置上钻孔。

② 锉削加工安装孔的面。

③ 锉削各个倒角面。

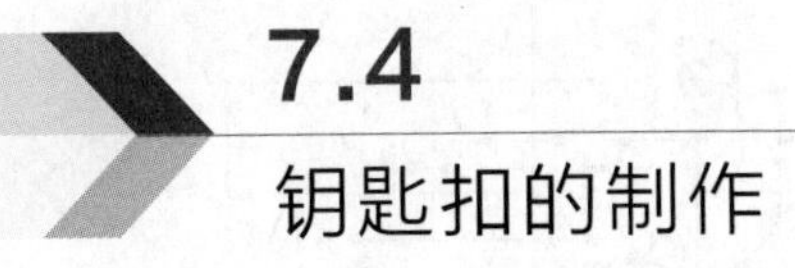

7.4 钥匙扣的制作

配合件的制作是一种综合能力的训练，它不但训练控制尺寸的能力还训练学生在配合制作过程中发现问题、解决问题的能力。制作如图 7-6 所示的钥匙扣，准备毛坯尺寸：75 mm×45 mm×3 mm，材料：黄铜。

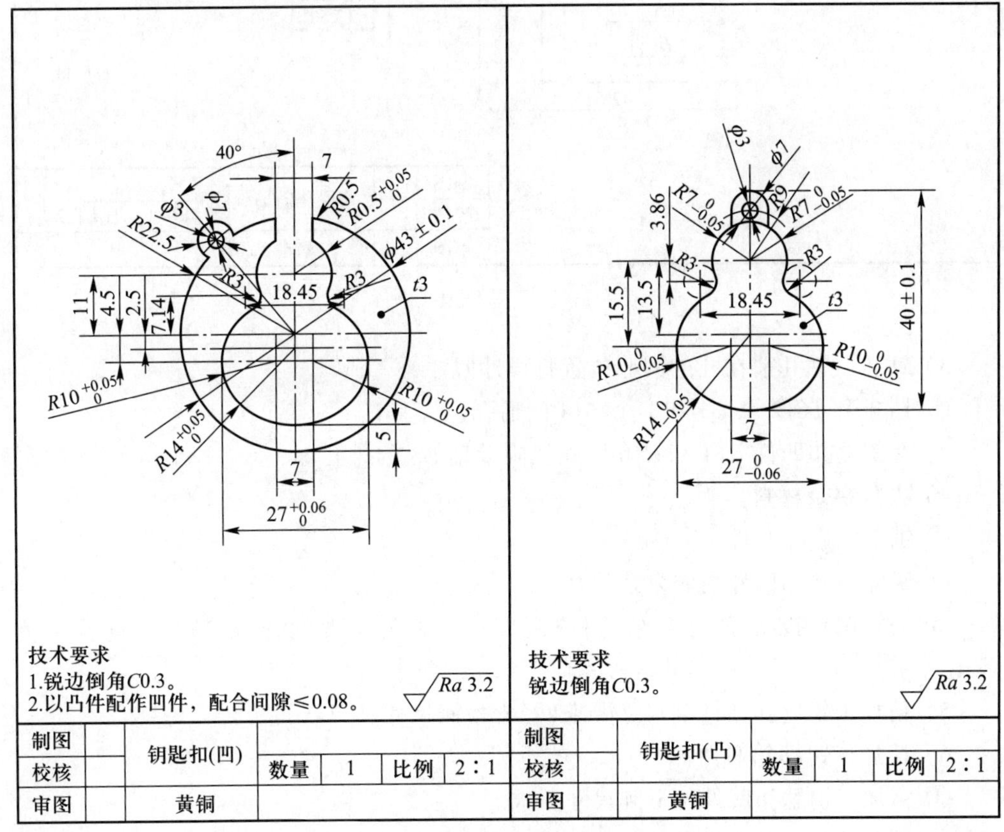

制图		钥匙扣(凹)					制图		钥匙扣(凸)				
校核			数量	1	比例	2∶1	校核			数量	1	比例	2∶1
审图		黄铜					审图		黄铜				

图 7-6 钥匙扣

制作步骤如下：

1）加工划线基准：把黄铜板的其中一个角锉成直角，使其垂直度误差达到 0.06 mm。

2）划线　按图 7-7 所示把钥匙扣凸/凹件的外形划到铜板上。

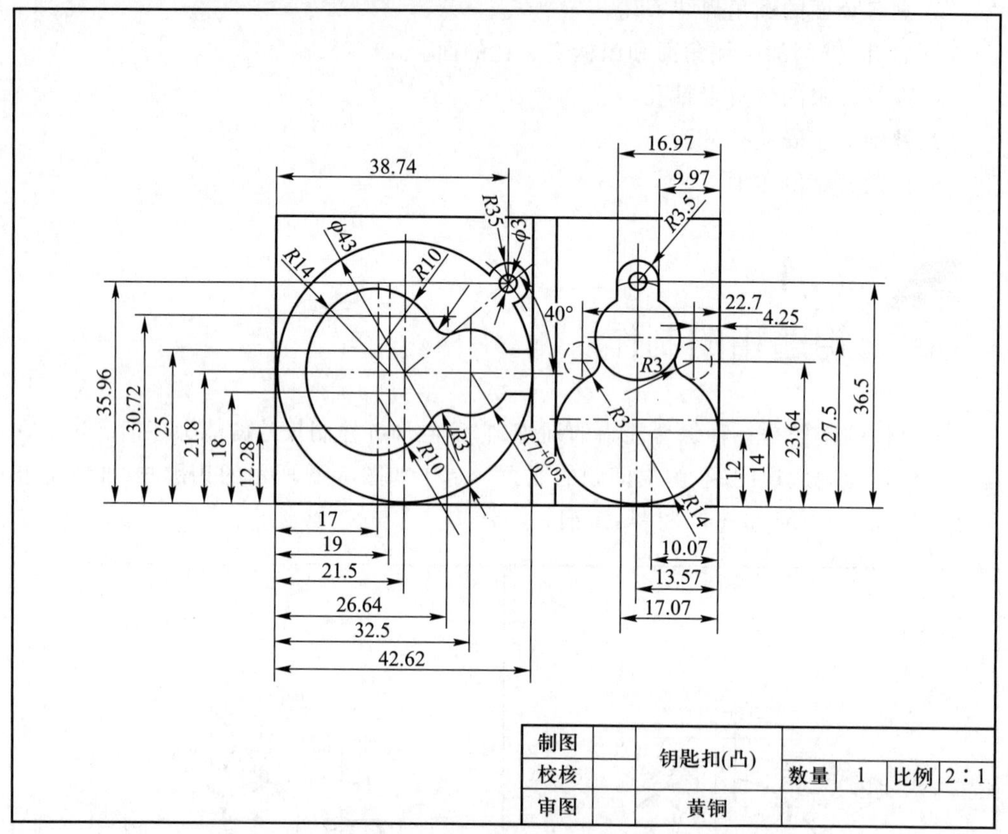

图 7-7　钥匙扣划线图

3）钻孔　钻孔前在孔的圆心位置打样冲眼。

① 钻 2 个 ϕ6、2 个 ϕ3 和 1 个 ϕ14 的通孔。

② 在钥匙扣凹件 R14 和 R10 圆弧线附近钻 ϕ3 的排孔。

4）去除多余材料。

① 锯下钥匙扣凸件。

② 錾除钥匙扣凹件内腔多余的材料。

③ 锯除钥匙扣凸/凹件多余的材料（凹件开口处不要锯开，等精加工配作时再锯开）。

5）精加工钥匙扣凸件到尺寸要求（经常检测尺寸和形状）。

6）精加工钥匙扣凹件。

① 精加工钥匙扣凹件外形到尺寸要求。

② 锯开钥匙扣凹件开口处并半精加工钥匙扣凹件内腔到划线处附近。

7）配作加工　以钥匙扣凸件为标准配作凹件内腔。

8）所有锐边倒角 $C0.3$。

配作注意事项：

1）凸件不能用大力挤入凹件，以免产生凹件变形。

2）多观察凸件与凹件的配合状态，确定位置后方可加工。

3）加工配合尺寸时，每次加工量要小，以免加工过量。

参考文献

[1] 戴国东.钳工技能训练[M].6 版.北京:中国劳动社会保障出版社,2021.

[2] 职业技能鉴定教材编审委员会.钳工:初级、中级、高级[M].2 版.北京:中国劳动社会保障出版社,2014.

[3] 杜继清.钳工[M].北京:人民邮电出版社,2010.

[4] 闻健萍,厉萍.金属加工与实训:钳工实训[M].2 版.北京:高等教育出版社,2019.

- 体系化设计
- 模块化课程
- 项目化资源

高等职业教育
智能制造专业群
新专业教学标准课程体系

专业群平台课

机械制图与计算机绘图
机械设计基础
公差配合与测量技术
液压与气压传动
工程力学
工程材料及热成形工艺

电工电子技术
电气制图及 CAD
智能制造概论
工业机器人技术基础
传感器与检测技术
金工实习

机械设计方向专业

机械设计与制造 / 机械制造及自动化 / 数字化设计与制造技术 / 增材制造技术

机械制造工艺
机械 CAD/CAM 应用
工装夹具选型与设计
生产线数字化仿真技术
产品数字化设计与仿真

增材制造技术
产品逆向设计与仿真
增材制造设备及应用
增材制造工艺制订与实施

自动化方向专业

机电一体化技术 / 电气自动化技术 / 智能机电技术

机械产品数字化设计
可编程控制器技术
机电设备故障诊断与维修
电机与电气控制
自动控制原理

机电设备装配与调试
运动控制技术
自动化生产线安装与调试
工厂供配电技术
工业网络与组态技术

机器人方向专业

工业机器人技术
智能机器人技术

工业机器人现场编程
智能视觉技术应用
工业机器人应用系统集成
协作机器人技术应用

工业机器人离线编程与仿真
数字孪生与虚拟调试技术应用
工业机器人系统智能运维

数控模具方向专业

数控技术
模具设计与制造

数控机床故障诊断与维修
数控加工工艺与编程
多轴加工技术
智能制造单元生产与管理

冲压工艺与模具设计
注塑成型工艺与模具设计
注塑模具数字化设计与智能制造

工业网络方向专业

工业互联网应用
智能控制技术

制造执行系统应用（MES）
工业网络技术
工业数据采集与可视化
工业互联网平台应用

工业互联网基础
工业互联网标识解析技术应用
工业 App 开发

● 体系化设计 ● 模块化课程
● 项目化资源

高等职业教育
智能制造专业群
新专业教学标准课程体系

机械设计方向专业

机械设计与制造 / 机械制造及自动化 / 数字化设计与制造技术 / 增材制造技术

机械制造工艺	增材制造技术
机械 CAD/CAM 应用	产品逆向设计与仿真
工装夹具选型与设计	增材制造设备及应用
生产线数字化仿真技术	增材制造工艺制订与实施
产品数字化设计与仿真	

自动化方向专业

机电一体化技术 / 电气自动化技术 / 智能机电技术

机械产品数字化设计	机电设备装配与调试
可编程控制器技术	运动控制技术
机电设备故障诊断与维修	自动化生产线安装与调试
电机与电气控制	工厂供配电技术
自动控制原理	工业网络与组态技术

专业群平台课

机械制图与计算机绘图	电工电子技术
机械设计基础	电气制图及 CAD
公差配合与测量技术	智能制造概论
液压与气压传动	工业机器人技术基础
工程力学	传感器与检测技术
工程材料及热成形工艺	金工实习

机器人方向专业

工业机器人技术
智能机器人技术

工业机器人现场编程	工业机器人离线编程与仿真
智能视觉技术应用	数字孪生与虚拟调试技术应用
工业机器人应用系统集成	工业机器人系统智能运维
协作机器人技术应用	

数控模具方向专业

数控技术
模具设计与制造

数控机床故障诊断与维修	冲压工艺与模具设计
数控加工工艺与编程	注塑成型工艺与模具设计
多轴加工技术	注塑模具数字化设计与智能制造
智能制造单元生产与管理	

工业网络方向专业

工业互联网应用
智能控制技术

制造执行系统应用（MES）	工业互联网基础
工业网络技术	工业互联网标识解析技术应用
工业数据采集与可视化	工业 App 开发
工业互联网平台应用